建筑机械设备操作实务

段淑娟　主　编

陈　春　副主编

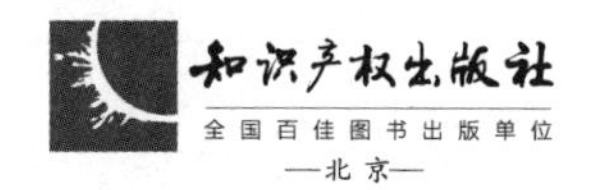

图书在版编目（CIP）数据

建筑机械设备操作实务/段淑娟主编．—北京：知识产权出版社，2020.9

ISBN 978-7-5130-6961-8

Ⅰ.①建… Ⅱ.①段… Ⅲ.①建筑机械—操作 Ⅳ.①TU607

中国版本图书馆CIP数据核字（2020）第092042号

内容简介

本书以建筑施工特种作业里的塔式起重机司机、建筑起重信号司索工、施工升降机司机和物料提升机司机四个岗位为出发点，主要内容包括各岗位所必备的基础知识、岗位安全操作要领、设备设施的维护保养等。通过学习，培养学生从事建筑行业所必备的施工技术与管理方面的知识与技能，为学生毕业前考取施工员等岗位证书打下基础。

本书是建筑工程技术专业、建设工程管理专业工种操作实训及建筑施工技术与项目管理综合实训教学用书，也可以作为学生在专业课程学习中的参考用书。

责任编辑：张雪梅　　**责任印制**：刘译文

封面设计：曹　来

建筑机械设备操作实务

JIANZHU JIXIE SHEBEI CAOZUO SHIWU

段淑娟　主编　陈　春　副主编

出版发行：	知识产权出版社有限责任公司	**网　　址**：	http://www.ipph.cn
电　　话：	010-82004826		http://www.laichushu.com
社　　址：	北京市海淀区气象路50号院	**邮　　编**：	100081
责编电话：	010-82000860转8171	**责编邮箱**：	laichushu@cnipr.com
发行电话：	010-82000860转8101	**发行传真**：	010-82000893
印　　刷：	三河市国英印务有限公司	**经　　销**：	各大网上书店、新华书店及相关专业书店
开　　本：	787mm×1092mm　1/16	**印　　张**：	12
版　　次：	2020年9月第1版	**印　　次**：	2020年9月第1次印刷
字　　数：	270千字	**定　　价**：	58.00元

ISBN 978-7-5130-6961-8

前　　言

本书是由东莞职业技术学院建筑学院的教师与企业工程技术人员共同开发的适用于建筑工程技术专业、建筑工程管理专业的教学用书。上述两个专业是东莞职业技术学院建筑学院在混合所有制的模式下探索设立的专业，以构建“校政企业同办学，学产服用一体”的育人机制，创新和推行工学结合的人才培养模式为宗旨，并经面向东莞地区建筑设计、施工等行业及企业的调研与分析，设计基于工作过程的课程体系，从而为东莞地区、广东省和全国培养高素质、懂管理的技能型专业人才。鉴于在两个专业的专业核心能力培养的技能训练环节中所涉及的工种操作实训、建筑施工技术与项目管理综合实训目前尚缺少针对建筑施工特种作业人员安全技术培训的综合性教材，根据人才培养方案中课证结合的需要，特组织相关人员编写本书，以满足建筑相关专业工程操作实训和综合实训的需要，同时为学生考取施工员等岗位证书打下基础。

本书由东莞职业技术学院段淑娟担任主编，陈春担任副主编，龚晓宏、孙强参与编写。

本书另有多名行业、企业专家及建设领域的培训专家负责职业能力分析与指导、技术咨询、统稿与校稿等工作。

本书在编写过程中参考了相关的研究成果与资料，并得到了业内专家的指导与帮助，在此一并表示衷心的感谢！

因编写时间仓促，书中难免有疏漏之处，恳请读者批评指正。

目　　录

岗位1

塔式起重机司机

任务 1.1 掌握必备的基础知识

1.1.1 液压传动基本知识

1. 液压传动的意义

当今建筑机械中液压系统的使用十分广泛，虽然还有电气、气动或机械系统可供选择利用，但是液压系统仍越来越多地得到应用。例如，在上回转自升式塔式起重机上，利用液压系统将塔机上部顶起或降下，从而引入或引出塔身标准节，实现塔机的升节或降节。

为什么使用液压系统？原因有很多，部分原因是液压系统在动力传递中具有用途广、效率高和操作简单的特点。液压系统的任务就是将动力从一种形式转变成另一种形式。

2. 液压传动的定义和工作原理

一部完整的机器一般主要由原动机、传动机构和工作机三部分组成。由于原动机的功率和转速变化范围有限，为了适应工作机的工作力矩（转矩）和工作速度（转速）变化范围较宽及其他操纵性能（如停车、换向等）的要求，在原动机和工作机之间设置了传动机构（或称传动装置）。传动机构通常分为机械传动机构、电气传动机构和流体传动机构。流体传动机构是以流体为工作介质进行能量转换、传递和控制的，包括液体传动和气体传动。

液体传动是以液体为工作介质的流体传动，包括液力传动和液压传动。

液压传动是主要利用液体压力能的传动。

（1）帕斯卡定律和基本方程式

加在密闭液体任一部分的压强必然按其原来的大小由液体向各个方向传递。这就是帕斯卡定律。

在帕斯卡定律中，压强和作用力之间有两个重要的关系，它们是以下两个等式：

$$P=F/A，F=P\cdot A$$

其中，F 为作用力，P 为压强，A 为面积。

液压传动机正是根据这一原理制成的。下面就用一个简单的装置说明其工作原理。

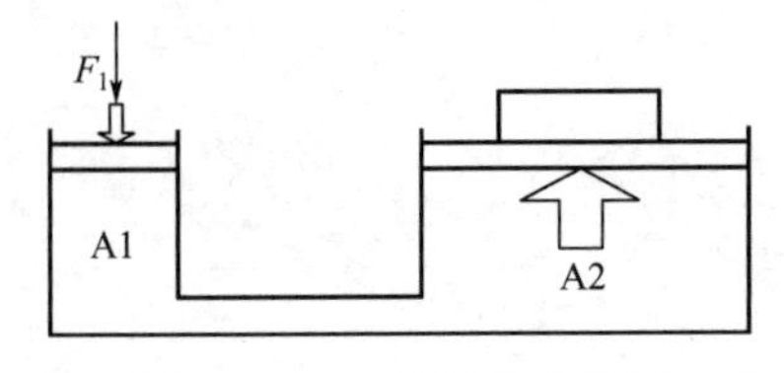

图 1-1-1　液压传动原理

如图 1-1-1 所示，A1、A2 为两个直径不同的液压缸，底部以管道连接，缸内充满液体。设液压缸 A1 中的活塞面积 $S_1=10\mathrm{cm}^2$，油缸 A2 中的活塞面积 $S_2=100\mathrm{cm}^2$。当在液压缸 A1 的活塞上加力 $F_1=10\mathrm{kN}$ 时，液压缸 A1 中的液体单位面积受到的压强为 $F_1/S_1=1\mathrm{kN/cm^2}$。根据帕斯卡定律，液压缸 A2 中的活塞上也受到 $1\mathrm{kN/cm^2}$ 的压强，即 $F_1/S_1=F_2/S_2$，这样液压缸 A2 中的活塞上会产生 100kN 向上的推力（F_2）。由这个例子可以看出，加在液压缸 A1 活塞上的力，由于密闭在两个连通液压缸中的液体的作用，被传递到液压缸 A2 的活塞上，并且这个力得到了放大。这就是液压传动的工作原理。

有一点需要说明：如果液压缸 A2 的活塞上没有负载，则在液压缸 A1 的活塞上亦无法施加 10kN 的外力。这是液压传动中一条很重要的原理：液压系统的压力取决于外部负载。

(2) 液压传动装置的工作原理与组成

液压传动是指利用密闭工作容积内液体压力能的传动。油压千斤顶就是一个简单的液压传动的实例。

图 1-1-2 所示是油压千斤顶的结构与原理。为明了起见，用符号表示有关零部件，画出它的液压系统，如图 1-1-2(b) 所示。油压千斤顶的小油缸 1、大油缸 2、油箱 6 及它们之间的连接通道构成一个密闭的容器，里面充满着液压油。在泄油阀 5 关闭的情况下，当提起手柄时，小油缸 1 的柱塞上移，使其工作容积增大，形成真空，油箱 6 里的油便在大气压作用下通过滤油网 7 和单向阀 3 进入小油缸；压下手柄时，小油缸的柱塞下移，挤压其下腔的油液，这部分压力油便顶开单向阀 4 进入大油缸 2，推动大柱塞，从而顶起重物。再提起手柄时，大油缸内的压力油将力图倒流入小油缸，此时单向阀 4 自动关闭，使油不致倒流，这就保证了重物不致自动落下；压下手柄时，单向阀 3 自动关闭，使液压油不致倒流入油箱，而只能进入大油缸以将重物顶起。这样，当手柄被反复提起和压下时，小油缸不断交替进行吸油和排油过程，压力油不断进入大油缸，将重物一点点地顶起。当需要放下重物时，打开泄油阀 5，大油缸的柱塞便在重物的作用下下移，将大油缸中的油液挤回油箱 6。

可见，油压千斤顶工作需要两个条件：①处于密闭容器内的液体由于大小油缸工作容积的变化而能够流动；②这些液体具有压力。能流动并具有一定压力的液体能做功，我们说它有压力能。油压千斤顶就是利用油液的压力能将手柄上的力和手柄的移动转变为顶起重物的力和重物在此力作用下的升起。小油缸 1 的作用是将手动的机械能转换为油液的压力能，大油缸 2 则将油液的压力能转换为顶起重物的机械能。

(3) 液压传动系统的组成

一个能完成能量传递的液压系统由五部分组成。

1) 动力部分：将机械能转换为压力能，为液压传动系统提供工作动力。动力部分的元件是液压泵，其作用是将机械能转换为液体的压力能，它是液压系统的动力元件。以上例子中油压千斤顶的小油缸 1 即起泵的作用。

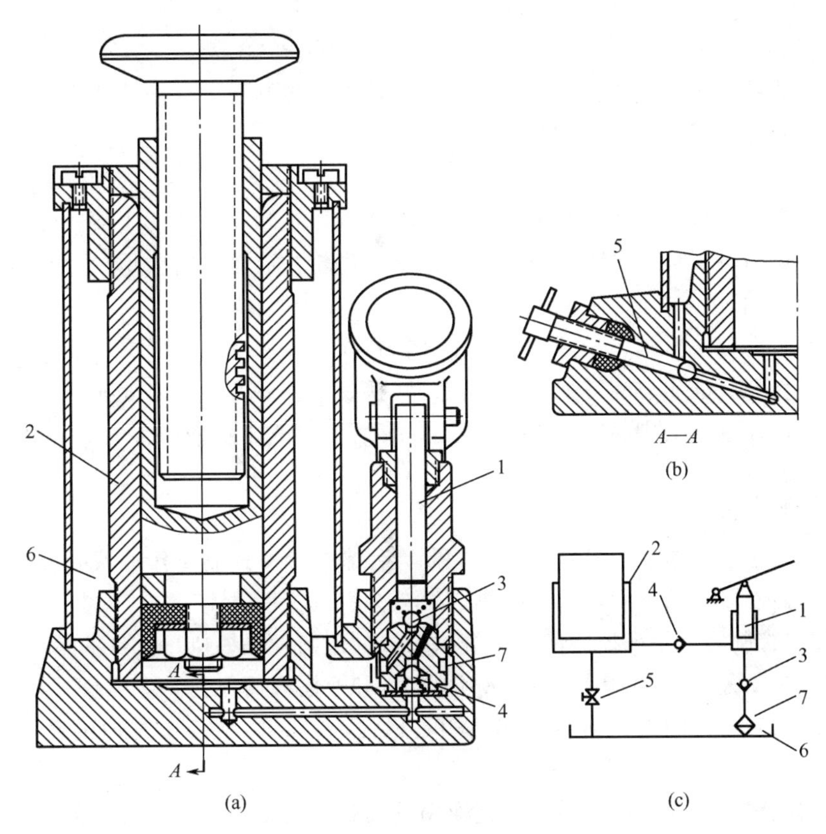

图 1－1－2　油压千斤顶的结构与原理

1. 小油缸；2. 大油缸；3，4. 单向阀；5. 泄油阀；6. 油箱；7. 滤油网

2）工作部分，即执行元件，其作用是将液体的压力能转换为机械能。执行元件包括液压缸和液压马达，液压缸带动负荷作往复运动；液压马达带动负荷作旋转运动。图 1－1－2 中的大油缸 2 就是油压千斤顶的执行元件。

3）控制部分，即控制调节装置。按照液压传动系统工作的需要，对系统的压力和执行机构的运动速度、运动方向及动作顺序进行控制。这部分的元件有溢流阀、节流阀、换向阀、平衡阀及液压锁等。在液压系统中各种阀用于控制和调节各部分液体的压力、流量和方向，以满足机械的工作要求，完成一定的工作循环。图 1－1－2 中油压千斤顶的单向阀 3、4 和泄油阀 5 就是用来控制液流方向的。泄油阀 5 还可以控制液流流量，从而控制重物下降的快慢。

4）辅助装置，包括油箱、滤油器、油管及管接头、密封件、冷却器、蓄能器等。设计液压系统就是根据机械的工作要求合理地选择和设计上述各液压元件，并将它们合理地组合在一起，使之完成一定的工作循环。

5）工作介质：充满在系统中，传递压力和能量。一般用洁净的油或水作工作介质，大部分液压系统使用油，这是由于油几乎是不可压缩的，同时油可以在液压系统中起润滑剂的作用。

3. 液压常用元件及系统图实例

液压系统中的主要元器件有液压泵、液压油缸、控制元件、油管和管接头、油箱和液压油滤清器等，现只简单介绍如下几种。

（1）液压泵

液压泵按构造可分为齿轮式液压泵、柱塞式液压泵和叶片式液压泵。塔机上的液压系统主要采用齿轮式液压泵和柱塞式液压泵，以齿轮式液压泵的应用较为普遍。

（2）液压油缸

液压油缸简称液压缸，是液压系统中的执行元件。从功能上来看，液压缸与液压马达都是把工作油流的压力能转变为机械能的转换装置，二者不同之处在于，液压马达用于旋转运动，而液压缸则将压力能转换为直线运动。液压缸的特点是构造简单、工作可靠。

（3）控制元件

在塔机液压系统中采用多种不同的控制元件来操纵和控制工作油液的流向、压力和流量。根据控制职能的不同，液压控制阀可分为以下三种。

1）方向控制阀。用来控制液压系统中油液的流向，操纵执行元件的运动（如动作、停止和改变运动方向）。按其功用可分为单向阀和换向阀两大类。

单向阀又叫止逆阀或止回阀，其功用是保证油液只能朝一个方向流动，不能更改方向。

换向阀又称分配阀或换向滑阀，其作用是控制液压油的流动方向，通过改变滑阀在阀体中的位置来接通不同的油路，使油液改变流向，从而改换执行元件的运动方向。

2）压力控制阀。这种阀可根据调定的工作油流的压力而动作，其职能是控制和保护液压系统不被高压所损坏。属于压力控制阀类的控制元件有安全阀、溢流阀、限压阀和平衡阀等。

3）流量控制阀。包括节流阀、限速阀和分流集流阀等，主要用于调节液压系统中的油液流量，使执行元件以一定速度运动。

（4）液压系统图实例

液压系统由许多元件组成，如果用各元件的结构图来表达整个液压系统，则绘制起来非常复杂，而且往往难以将其原理表达清楚，因而实践中常以各种符号表示元件的职能，将各元件的符号用通路连接起来，组成液压系统图，以表示液压传动及控制系统的原理。图 1-1-2(c) 是油压千斤顶的系统图，图 1-1-3 是塔式起重机液压顶升系统图。

以下以塔机顶升过程为例分析塔机液压顶升系统的工作原理。

如图 1-1-3 所示，首先启动系统，电动机 6 上电，电动机通过联轴器驱动液压泵 8，油箱中的液压油经过吸油滤油器 9 被液压泵 8 吸入泵体内，并通过加压供给系统。此时的手动换向阀 3 处在初始的中位状态，泵出的液压油无需经过系统溢流阀 5，而是直接通过换向阀内部中位油路和回油滤油器 10 返回油箱，系统处于卸荷状态。通过系统压力表 4 可以看到处于卸荷状态时系统的压力为零。

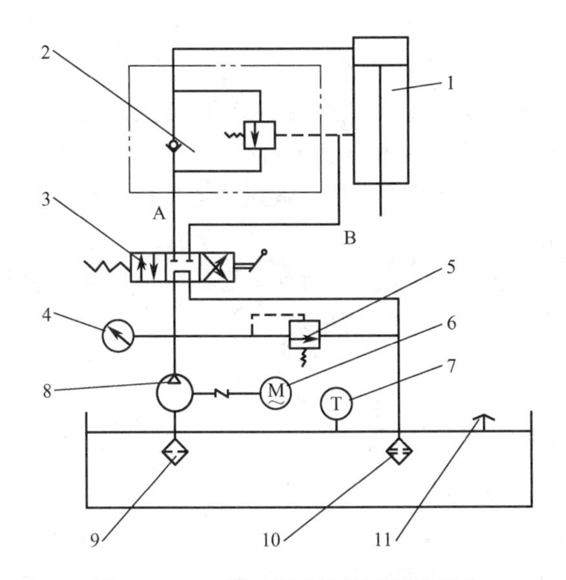

图 1-1-3　塔式起重机液压顶升系统

1. 顶升油缸；2. 平衡阀；3. 手动换向阀；4. 压力表；5. 溢流阀；6. 电动机；
7. 液位液温计；8. 液压泵；9. 吸油滤油器；10. 回油滤油器；11. 空气滤清器

当顶升开始时，向后拉手动换向阀 3 的手柄，换向阀阀芯右移，换向阀处于左位状态，泵出的高压油通过换向阀进入平衡阀 2，再进入油缸 A 腔（无杆腔）。此时油缸活塞杆徐徐伸出，处于油缸 B 腔（有杆腔）中的液压油通过换向阀 3 直接返回油箱。顶升状态时系统油缸承受塔机上部的重力负荷，通过压力表 4 可以观测到系统的压力为系统的工作压力。当油缸完全伸出后，油缸活塞被顶死，系统压力继续上升，达到溢流阀 5 调定压力（系统最高压力）。泵出的液压油通过系统溢流阀 5 溢流，返回油箱。

顶升完毕，油缸活塞杆回缩，前推换向阀 3 的手柄，阀芯左移，换向阀处于右位，泵出的高压油通过换向阀进入油缸 B 腔，同时通过旁路推开平衡阀 2，使 A 腔形成回油油路，油缸活塞杆徐徐回缩。此时系统压力接近平衡阀的开启压力。当完全回缩后，油缸活塞被顶死，系统压力继续上升，达到溢流阀 5 的调定压力（系统最高压力）。泵出的液压油通过系统溢流阀 5 溢流，返回油箱。

通过上述分析就可以基本了解整个塔机液压系统的工作过程了。

4. 液压传动的特点

任何一部完整的机器都有动力部分和工作装置，能量从动力部分到工作装置的传递形式如前所述，可分为四大类，即机械传动、电力传动、液压传动和气压传动。

与其他传动形式相比，液压传动的主要优点是：

1）易于大幅度减速，从而可获得较大的力和扭矩，并能实现较大范围的无级变速，使整个传动简化。易于实现直线往复运动，以直接驱动工作装置。各液压元件间可用管路连接，故安装位置自由度多，便于机械的总体布置。

2）能容量大，即较小重量和尺寸的液压件可传递较大的功率。例如，液压泵与同功率的电动机相比外形尺寸为后者的12%～13%，重量为后者的10%～20%，再加上前述优点，就可以使整个机械的重量大大减轻。由于液压元件结构紧凑、重量轻，而且液压油具有一定的吸振能力，所以液压系统惯量小、启动快、工作平稳，易于实现快速而无冲击的变速与换向，应用于机械车辆上可减少变速时的功率损失。

3）液压系统易于实现安全保护，同时液压传动比机械传动操作简便、省力，因而可提高机械生产率和作业质量。

4）液压传动的工作介质本身就是润滑油，可使各液压元件自行润滑，因而简化了机械的维护保养，并利于延长元件的使用寿命。

5）液压元件易于实现标准化、系列化、通用化，便于组织专业性大批量生产，从而可提高生产率、提高产品质量、降低成本。

6）与电、气配合，可设计出性能好、自动化程度高的传动及控制系统。

液压传动也存在以下缺点：

1）液压油的泄漏难以避免，外漏会污染环境并造成液压油的浪费，内漏会降低传动效率，并影响传动的平稳性和准确性，因而液压传动不适用于要求定比传动的场合。液压传动比机械传动的效率低，这是当前许多机械传动还不能被液压传动取代的主要原因。

2）液压油的黏度随温度的变化而变化，从而影响传动机构的工作性能，因此在低温及高温条件下均不宜采用液压传动。

3）由于液体流动中压力损失大，所以液压传动不适用于远距离传动。

4）零件加工质量要求高，因而目前液压元件成本较高。

5. 液压油的使用常识

（1）液体的黏度

液体在外力作用下流动时，液体内各层的运动速度不同，液体分子间的相互作用力在液体间产生内部摩擦力，以阻止液层间的相对滑动，这就是液体的黏性。液体的黏性大小用黏度表示。

液体的黏度是选择液压油的重要指标之一，液体黏度大小影响到液压系统的效率和寿命。液体黏度过大，内部摩擦力大，系统动作减慢，工作温度升高，系统的效率降低，且液压油易氧化变质。若液体黏度过小，则会引起液压系统的外部泄漏和内部泄漏，使系统的效率降低。

（2）温度对液压油的影响

液压油的黏度随温度的变化而改变。工作温度高，黏度降低；工作温度低，黏度高。因此，除按机械使用说明正确选用液压油外，在高寒地区或高温地区作业时，应按当地的工作温度对液压油的牌号进行相应的调整，以保证液压系统的工作效率和液压油的使用寿命。

（3）液压油的失效形式

液压系统中，液压油既是传递压力和能量的介质，又承担液压元件的润滑和液压系统散热等多项职能。经过一定时间的使用后液压油会因各种原因而失效，失效的形式主要有以下几种：

1）污染。密封件磨损产生的橡胶及金属微粒和外部粉尘都会对液压油造成污染，使液压油的洁净度变差，污染严重时会磨损液压件、损坏液压密封件。

2）氧化变质。液压油与空气接触后发生化学反应，油液的物理和化学性质都会发生变化。油液的颜色逐渐变深，黏度增大，酸值升高，这就是油液的氧化变质。一般液压油都有较强的抗氧化性，但工作温度过高及油液中的金属微粒会加快液压油的氧化变质。

3）乳化变质。液压油中混入一定量的水，经搅动后油液会变成乳白色的液体，这就是液压油的乳化变质。

（4）液压油的合理选择及使用

液压油应按机械制造厂家在产品使用手册中指定的规格选用。如确实需要代用，应选择黏度、黏度指数、抗氧化安定性等技术指标接近的油品代用。

使用中应注意：

1）注液压油的容器应保持洁净（最好专用）。

2）定期清洁液压油滤清器。

3）定期检查液压油油质。

4）液压油油量不足、需添加时，应选用同一厂家、同一规格的油品。不得将不同厂家、不同规格的油品混用。

5）更换液压油时，应将液压系统中的旧油放净，用少量干净油将系统清洗干净后再加入新油。

1.1.2　塔式起重机的分类及基本技术参数

1. 塔式起重机（塔机）的分类

塔机种类繁多，形式各异，大小不一，性能也不尽相同，但通过分析可以发现它们之间存在着共同之处。塔机按构造和使用特点的分类如下。

（1）按回转部分装设的位置分类

按照回转部分装设的位置不同可分为上回转塔机和下回转塔机两类。

1）上回转塔机。上回转塔机的回转支承装设在塔机的上部。其特点是塔身不转动，在回转部分与塔身之间装有回转支承装置，这种装置既将上下两部分连为一体，又允许上下两部分相对回转。

图1－1－4所示为上回转塔机（塔尖式），塔身顶部连同起重臂等能相对塔身并绕其轴线进行回转。塔顶用轴承式回转支承与塔身连接，塔顶端部用拉杆连接吊臂和平衡臂。这种构造形式多用于自升式塔机，是目前高层建筑工地使用的主流机型。

2）下回转塔机。下回转塔机是指回转部分装在塔机的下部，吊臂装在塔身顶部，塔身、平衡重和所有的机构装在转台上，并与转台一起回转的塔机，如图1－1－5所示。这种塔机除了具有重心低、稳定性好、塔身受力较有利的优点外，最大的优点是：因平衡重放在下部，能做到自行架设、整体搬运。

图 1-1-4 上回转塔机

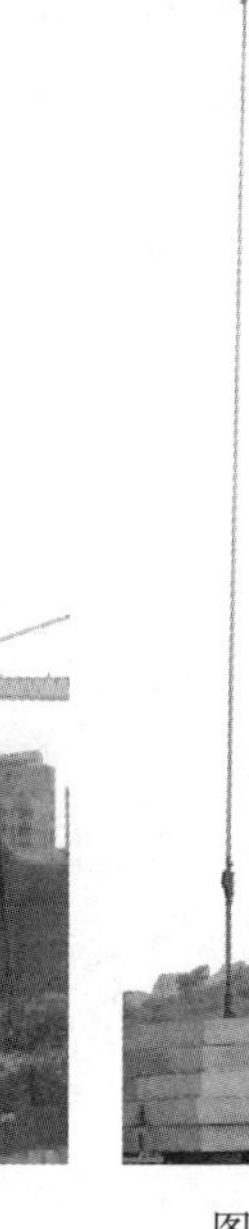

图 1-1-5 下回转塔机

(2) 按塔机有无运行机构分类

按照塔机有无运行机构可分为移动式塔机和固定式塔机两种。

1) 移动式塔机。移动式塔机是指具有行走装置，可以行走的塔机，最常见的移动式塔机是轨道式。

轨道式塔机是指在轨道上运行的塔机，它用刚性车轮把塔机支承在临时性的轨道上，轨道铺设在碎石与枕木上，或直接铺设在用钢板焊成的承轨箱上（图 1-1-6、图 1-1-7）。塔机可在较长的一个区域范围内进行水平运输，也可转弯行驶，故能适应不同造型建筑物的需要。其最大的特点是可带载行走，有利于提高生产效率。

图 1-1-6 轨道式塔机的底架

图 1-1-7 轨道式塔机的行走机构

2) 固定式塔机。固定式塔机是指连接件将塔身基础固定在地基基础或结构上、进行起重作业的塔机。由于没有运行机构，塔机机体不能作任何的移动。其中以自升式塔机最为典型。所谓自升式，是指可以依靠自身的专门装置增、减塔身标准节或自行整体爬升的塔机。自升式塔机又可分为附着式和内爬式两种。

附着式塔机是指按一定间隔距离通过支撑装置将塔身锚固在建筑物上的自升式塔机（图1－1－8）。它由普通上回转塔机发展而来，塔身上配置了顶升套架，塔身上部装有回转机构，回转机构上部与塔顶相连，塔顶端部用拉杆连接吊臂和平衡臂，起升机构（主卷扬）安装在平衡臂上，小车牵引（变幅）机构装在水平吊臂上。

图1－1－8 附着式塔机

内爬式塔机是指安装在建筑物内部的预留洞口处，通过支承在结构物上的专门装置（爬升机构），整机能随着建筑物高度的增加而升高的塔机（图1－1－9）。由于建筑物可作为塔机的直接支承装置，所以塔机的塔身不用太长，而构造上则与普通回转塔机基本相同。内爬式塔机因安装于建筑物内部，所以不占用建筑物外围的空间场地，且吊钩能绕其回转轴线作360°回转，工作覆盖面大，同时利用爬升机构向上爬升，作业高度不受限制。内爬式塔机也有其缺点：①工程施工结束后，塔机要在建筑物顶端先行解体，再利用其他辅助起重设备一件一件地从顶部吊到地面上，因此费工费时；②当塔机受到建筑物结构形式或施工工艺限制只能安装在建筑物承载能力不大的构件上时，为了能支承住塔机，必须对薄弱的承载构件给予局部加强；③安装内爬式塔机时必须考虑固定塔机需要安装预埋螺栓等复杂因素。

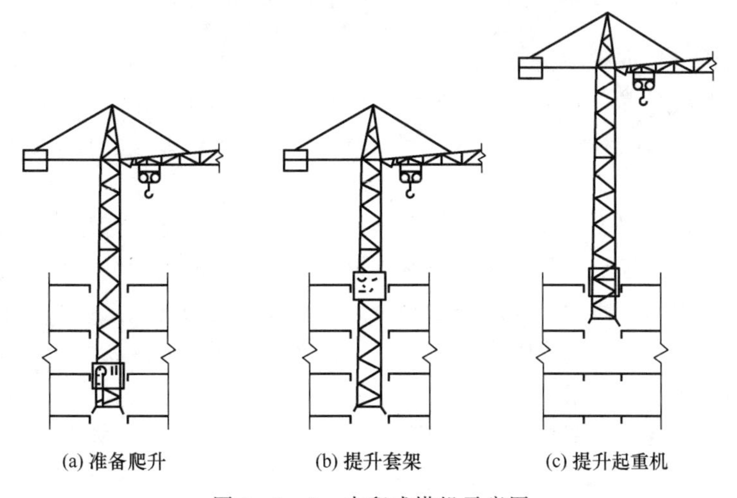

(a) 准备爬升　(b) 提升套架　(c) 提升起重机

图1－1－9 内爬式塔机示意图

除了以上提到的塔机安装于建筑物内部的内爬形式外，近年来在超高层建筑中还使用了一种内爬外挂式的内爬塔机安装形式（图 1-1-10）。内爬外挂塔机施工技术通过一套可循环周转的外挂支撑体系将塔吊悬挂于建筑物外壁，既能随建筑物的施工进度持续爬升，又避免了塔身穿过楼板等不利因素。另外，内爬外挂式塔机施工技术克服了建筑物内平面尺寸小、不能布置两台及以上塔吊的问题。与传统的内爬式塔机相比，内爬外挂塔机依附于建筑物外壁，使塔机更靠近外框钢结构，更能充分发挥塔机的机械效率，也恰恰适应了现代超高层建筑广泛采用的钢筋混凝土核心筒-钢结构外框架的建筑结构形式。

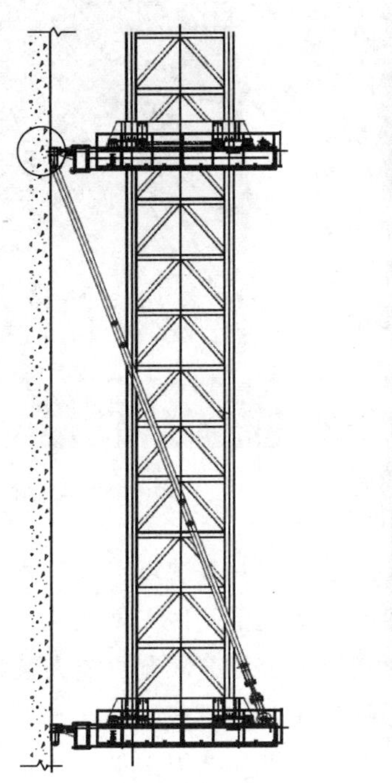

图 1-1-10　内爬外挂塔机

（3）按塔机变幅方式分类

按照塔机变幅方式不同可分为水平臂小车变幅塔机、动臂变幅塔机与综合变幅塔机。

1）水平臂小车变幅塔机。水平臂小车变幅塔机是指通过起重小车沿起重臂运行进行变幅的塔机，又分为尖头式（图 1-1-11）和平头式（图 1-1-12）两种。这类塔机的起重臂架固定在水平位置，变幅小车悬挂于臂架下弦杆上，两端分别和变幅卷扬机的钢丝绳连接。在变幅小车上装有起升滑轮组，当收放变幅钢丝绳，拖动变幅小车移动时，起升滑轮组也随之而动，以此来改变吊钩的幅度。它的优点是：幅度利用率高，而且变幅时所吊重物在不同幅度时高度不变，工作平稳，便于安装就位。其缺点是：臂架的受力以弯矩为主，故臂架的重量比动臂变幅架的重量稍大一些。另外，在同样塔身高度的情况下，水平臂小车变幅塔机比动臂变幅塔机的起重高度利用范围小。

2）动臂变幅塔机。动臂变幅塔机（图 1-1-13）是指通过臂架俯仰运动进行变幅的塔机。其幅度的改变是利用变幅卷扬机和变幅滑轮组系统来实现的。这种变幅方式的优点是臂架受力状态良好，自重轻。当塔身高度一定时，与其他类型的塔机相比，动臂变幅塔机具有一定的起升高度优势。

图 1-1-11 尖头式塔机

图 1-1-12 平头式塔机

3）综合变幅塔机。综合变幅塔机（图 1-1-14）是根据作业的需要，臂架可以弯折的塔机。这种变幅采用的是一套所谓折臂式组合臂架系统，它同时具备动臂变幅和小车变幅的功能，从而在起升高度与幅度上弥补了上述两种塔机使用范围的局限性。

图 1-1-13 动臂变幅塔机

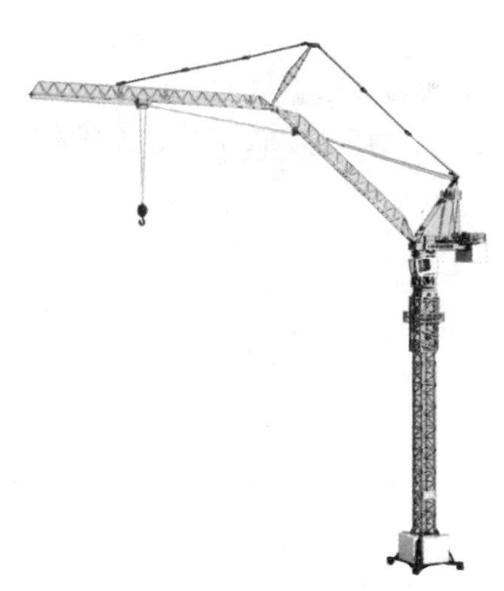

图 1-1-14 综合变幅塔机

（4）行业标准关于塔机的分类方法

《建筑机械与设备产品分类及型号》（JG/T 5093—1997）中对塔机进行了分类，表 1-1-1 摘录了其中相关的部分内容。需要说明的是，该标准虽然已于 2013 年 10 月废止，但目前市场中仍有大量设备按此标准命名，因此表 1-1-1 仍可参考。

表 1-1-1 塔机的分类［摘自《建筑机械与设备产品分类及型号》(JG/T 5093—1997)］

类	组		型号		特性	产品		主参数代号		
名称	名称	代号	名称	代号	代号	名称	代号	名称	单位	主参数
建筑起重机	塔式起重机	QT（起塔）	轨道式	—	—	上回转塔式起重机	QT	额定起重力矩	kN·m	主参数 $\times 10^1$
					Z（自）	上回转自升塔式起重机	QTZ			
					A（下）	下回转塔式起重机	QTA			
					K（快）	快装塔式起重机	QTK			
			固定式	G（固）	—	固定式塔式起重机	QTG			
			汽车式	Q（汽）	—	汽车塔式起重机	QTQ			
			轮胎式	L（轮）	—	轮胎塔式起重机	QTL			
			履带式	U（履）	—	履带塔式起重机	QTU			
			组合式	H（合）	—	组合塔式起重机	QTH			

（5）塔机的型号表示

一般的塔机型号编制方法如下：

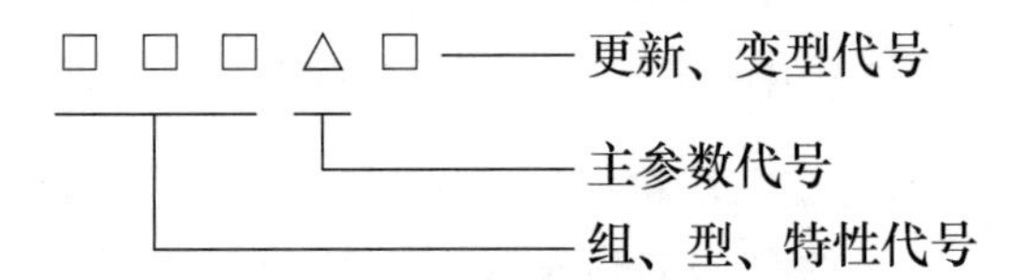

标记示例：公称起重力矩为 800kN·m 的上回转自升式塔式起重机标记为 QTZ80。

实际应用中还有另外一种常用的标记方式：有些塔机厂家把塔机最大臂长（m）与臂端（最大幅度）处所能吊起的额定重量（kN）两个主参数作为塔机型号的标记。这种标记虽然没有依据标准，但能直观反映塔机起吊的性能。例如，某种 QTZ80 型塔机，它的又一标记为 TC5613，其含义如下：

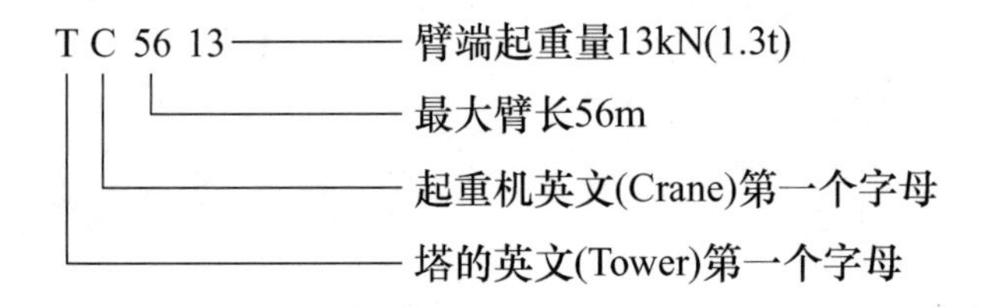

2. 塔式起重机的基本技术参数

课前思考： 1. 塔机的主要技术参数有哪些？
2. 你知道怎么看起重特性曲线吗？

塔机的参数是指直接影响塔机的工作性能、结构设计及制造成本的各种参数。

（1）塔式起重机基本参数的概念

1）《塔式起重机分类》（JG/T 5037—1993）中的基本参数。

公称起重力矩：起重臂为基本臂长时最大幅度与相应额定起重量重力的乘积，单位为kN·m(N·m)。起重力矩综合了起重量与幅度两个因素参数，所以能比较全面和确切地反映塔机的起重能力。塔式起重机公称起重力矩的主参数系列见表1-1-2。

表1-1-2　塔式起重机公称起重力矩主参数系列（kN·m）

100	160	200	250	315	400	500	630
800	1000	1250	1600	2000	2500		
3150	4000	5000	6300				

起升高度：塔式起重机运行或固定状态时，空载、塔身处于最大高度，吊钩位于最大幅度处，吊钩支承面对塔式起重机支承面的允许最大垂直距离。

最大起升速度：塔式起重机空载，吊钩上升至起升高度过程中稳定运动状态下的最大平均上升速度。

回转速度：塔式起重机空载，风速小于3m/s，吊钩位于基本臂最大幅度和最大高度时的稳定回转速度。

小车变幅速度：塔式起重机空载，风速小于3m/s，小车稳定运行的速度。

整机运行速度：塔式起重机空载，风速小于3m/s，起重臂平行于轨道方向稳定运行的速度。

最低稳定下降速度：吊钩滑轮组为最小钢丝绳倍率，吊有该倍率允许的最大起重量，吊钩稳定下降时的最低速度。

2)《塔式起重机》(GB/T 5031—2019) 中的基本参数。

最大起重力矩：最大额定起重量重力与其在设计确定的各种组合臂长中所能达到的最大工作幅度的乘积。

起升高度：塔机运行或固定独立状态时，空载、塔身处于最大高度，吊钩处于最小幅度处，吊钩支承面对塔机基准面的允许最大垂直距离。

注意：对动臂变幅塔机，起升高度分为最大幅度时的起升高度和最小幅度时的起升高度。

起升速度：稳定运行速度挡对应最大的额定起重量，吊钩上升过程中稳定运行状态下的上升速度。

小车变幅速度：对小车变幅塔机，起吊最大幅度时的额定起重量、风速小于3m/s时小车稳定运行的速度。

全程变幅时间：对动臂变幅塔机，起吊最大幅度时的额定起重量、风速小于3m/s时臂架仰角从最小角度到最大角度所需要的时间。

回转速度：塔机在最大额定起重力矩荷载状态、风速小于3m/s、吊钩位于最大高度时的稳定回转速度。

慢降速度：起升滑轮组为最小倍率，吊有该倍率允许的最大额定起重量，吊钩稳定下降时的最低速度。

运行速度：空载、风速小于3m/s，起重臂平行于轨道方向时塔机稳定运行的速度。

（2）塔机的起重特性曲线

以小车变幅塔机为例，塔机小车在吊臂上作前后方向的运动，也就是平时所说的“变幅”，这种变幅实际上改变了起吊物在吊臂上投影的位置。在同一台塔吊上，小车离塔身越远，起吊能力就越低，如同一个人拿起一件重物，手臂伸得越开就感觉越吃力。起吊物与塔身的水平距离就是力臂的长度。塔吊的起重能力是以力矩来衡量的，因而小车在吊臂上的位置不同，其起重能力是不同的，这种起重能力通过起重特性曲线表示。

起重特性曲线：表示起重量随幅度改变的曲线，规定直角坐标系的横坐标为幅度，纵坐标为额定起重量。QTZ6013的起重特性曲线如图1-1-15所示。

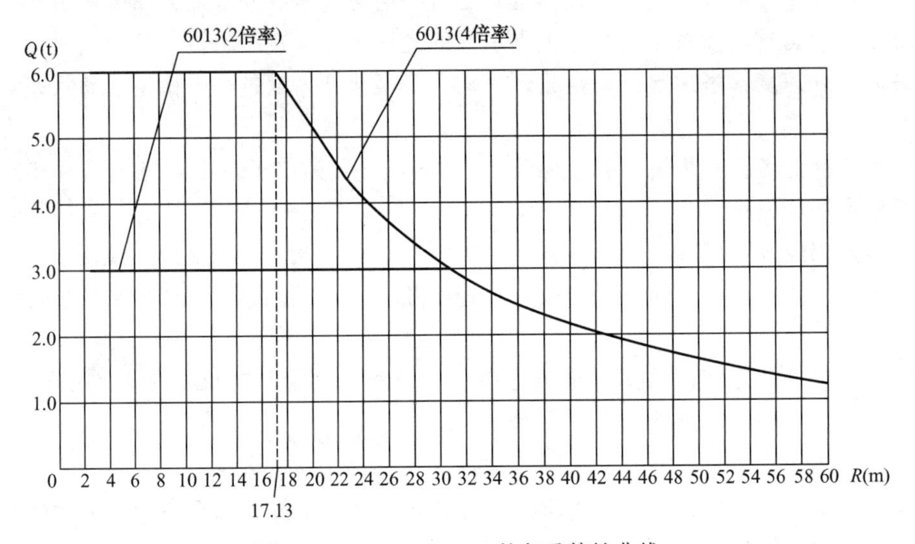

图1-1-15　QTZ6013的起重特性曲线

1.1.3　塔式起重机的基本结构及安全技术要求

塔式起重机的品牌、型号、规格很多，以下就建筑工地使用比较普遍的上回转塔机进行介绍。

1. 塔式起重机的主体结构

上回转塔式起重机是回转支承在塔身顶部的起重机。尽管其型号各种各样，但基本构造大体相同。整台上回转塔机主要由金属结构、工作机构、液压顶升系统、电气控制系统及安全保护装置五大部分组成，每一部分又包含多个部件，这里只对其基本组成及部件的作用和特点作一介绍。

塔机的金属结构是整台塔机的支撑架，其设计制作的好坏直接关系到整台塔机的使用性能和使用寿命，也关系到建筑工地生命财产的安全。

上回转塔机的金属结构主要包括底架、塔身、回转下支座、回转上支座、工作平台、回转塔身、起重臂、平衡臂、塔顶、驾驶室、变幅小车等部件。除了以上部件，自升式塔机还要增加爬升套架，内爬式塔机要增加爬升装置，行走式塔机要增加行走台车，附着式塔机要增加附着架。这些增加的装置也以金属结构为主。图1-1-16所示为一台既有顶升又有行走台车的上回转塔机构造示意图，其构造比较典型。

（1）底架

底架一般由十字底梁、基础节、底节及四根撑杆组成（图1－1－17）。十字底梁由一根整梁和两根半梁用螺栓或销轴连接而成，这样的构造可以使塔机的倾翻线外移，增加稳定性，减少压重，也便于增加行走台车。基础节位于十字底梁的中心位置，用高强螺栓与十字底梁连接。基础节内可装电源总开关，其外侧可放置压重。底节位于基础节上，用高强螺栓与基础节相连。其四角主弦杆上布置有可拆卸的撑杆耳座。四根撑杆为两端焊有连接耳板的无缝钢管，上、下连接耳板用销轴分别与底节和十字底梁四角的耳板相连。当塔身传来的弯矩到达底节时，撑杆可以分担相当一部分力矩，可以减少底节的倾斜变位。这种底架构造合理，装拆和运输都很方便。固定式塔机的底梁用地脚螺栓固定在地基上，中间有支点，受力条件好，故可以做得小些；行走式塔机的底梁仅在行走台车的顶部有支撑，中间没有支点，所受的弯矩较大，故必须做得大一些。

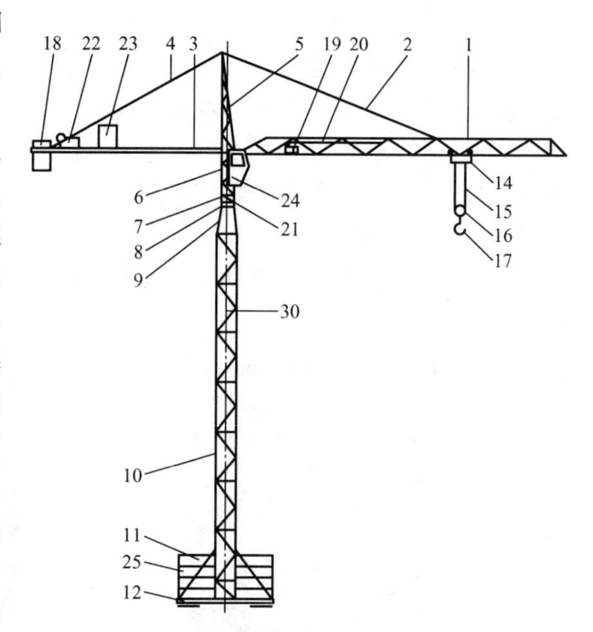

图1－1－16　水平自升式塔式起重机构造示意图

1. 臂架；2. 臂架拉索；3. 平衡臂；4. 平衡臂拉索；5. 塔顶；6. 回转塔身；7. 回转平台；8. 回转支承；9. 回转支座；10. 塔身；11. 塔身撑杆；12. 底架；13. 压重；14. 小车；15. 起升钢丝绳；16. 起升滑轮组；17. 吊钩；18. 平衡重；19. 小车变幅机构；20. 小车变幅钢丝绳；21. 回转机构；22. 起升机构；23. 电控柜；24. 驾驶室

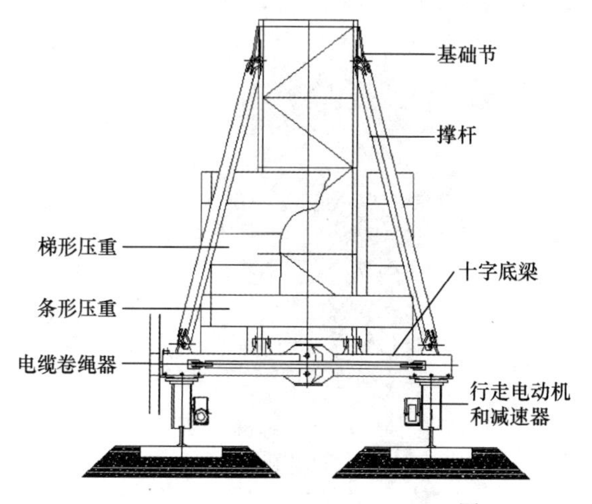

图1－1－17　底架

（2）塔身（标准节）

上回转塔机的塔身通常由多个标准节组成。所谓标准节，就是一段长、宽、高都统一的塔身，具有互换性。由于塔身上下受的风力矩、倾斜力矩、水平拉力矩不一样，压力也不一样，所以有上塔身标准节和下塔身标准节之分。一般上塔身标准节轻，下塔身标准节（加强节）重。标准节的构造如图 1－1－18、图 1－1－19 所示。上回转塔机的塔身以受弯为主，受压为辅，这是其突出的结构特点。因此，塔身必须结实，有足够的强度、刚度和抵抗局部失稳的储备。塔身是塔机的关键部件。

图 1－1－18　标准节

图 1－1－19　整体式标准节

（3）爬升套架

上回转自升式塔机一定要有顶升套架。顶升套架分为外爬升套架（外套架）和内爬升套架（内套架）两种形式（图 1－1－20、图 1－1－21）。一般整体标准节都用外套架，片式塔身顶升用内套架。但有的片式塔身运到工地后先装成整体标准节，再顶升加节，也用外套架。所以，这里只介绍外套架，因为它最典型、最有代表性。

图 1－1－20　外爬升套架

图 1－1－21　内爬升套架

顶升系统主要由顶升套架、顶升作业平台和液压顶升装置组成，用来完成加高的顶升加节工作。能顶升加节是自升式塔机最大的特点，也是它能适应不同高度建筑物的主要原因。在我国自升式塔机的应用占据绝对优势。

外套架式就是套架本体套在塔身的外部。套架本体是一个空间桁架结构，其内侧布置有多个滚轮或滑板，顶升时滚轮或滑板沿塔身的主弦杆外侧移动，起导向支承作用。

套架的上端用螺栓或销轴与回转下支座的外伸腿相连接，其前方的上半部没有焊腹杆，而是引入门框，因此其主弦必须做特殊的加强，以防止侧向局部失稳。门框内装有两根引入导轨，以便于塔身标准节的引入。顶升油缸吊装于套架后方的横梁上，下端活塞杆端有顶升扁担梁，通过扁担梁把压力传到塔身的踏步上，实现顶升作业。液压泵站固定在套架的工作平台上，操作人员在平台上操作顶升液压系统，进行作业，引入标准节和紧固塔身的连接螺栓。

顶升作业时，通过调整小车位置或吊起一个标准节作配重的方法尽量使上部顶升部分的重心落在靠近油缸中心线的位置，这样上面的附加力矩小，作业最安全。臂架一定要回转制动，不允许风力使其回转。要避免套架前主弦压力过大，否则可能产生侧向局部失稳，这是很危险的，容易引发倒塔事故。

(4) 上下回转支座及回转支承

塔机的回转是借助回转机构驱动回转上支座相对于回转下支座旋转而实现的。上下回转支座（图 1-1-22）之间有回转支承，它实际上是一个大轴承，能承受压力和弯矩，把滑动摩擦变为滚动摩擦。回转下支座与回转支承外圈连接，它的四个角又与塔身主弦杆连接；回转上支座与回转支承的内圈连接，其上有回转塔身、工作平台、驾驶室等；回转塔身上面接塔顶，前面是起重臂，后面是平衡臂。只要回转上支座一转，就带动上面所有的部件同时回转，所以把这些部件合称为回转塔架系统。

图 1-1-22 上下回转支座

上下回转支座为板结构，是由板焊接而成的复杂结构件，大体上外方内圆，上下盖板承受平面拉压应力，侧板和筋板承受剪力。来自回转塔身的不平衡力矩通过主弦杆传到回转上支座，再通过内圈连接螺栓传到回转支承，又通过外圈连接螺栓传到回转下支座，最后通过主弦杆的连接螺栓传到塔身底部。上下回转支座都要求刚性好、变位小，否则难以保持连接面的平面位置，增加回转阻力，而且会使回转塔身和塔顶的腹杆产生额外的剪力，回转塔身主弦杆会产生局部弯曲，在交变状态下易发生疲劳破坏。这也是很危险的倒塔因素，要引起高度注意。

（5）回转塔身和塔顶

回转塔身和塔顶（图 1-1-23、图 1-1-24）都是桁架式构件，通过它们把起重臂的起重力矩和平衡臂的平衡力矩传到回转上支座。空车状态不平衡力矩向后倾，满载状态不平衡力矩向前倾，所以回转塔身和塔顶承受着经常交变荷载，但它们的主弦杆内力不会受回转角度的影响，这一点与塔身受力性质是不相同的。

图 1-1-23　回转塔身

图 1-1-24　塔顶

（6）起重臂

塔式起重机的起重臂有水平臂小车变幅式和动臂变幅式之分，这里只介绍水平臂小车变幅式。

水平臂小车变幅式起重臂由多节组成，通过去掉或增加若干臂节即构成不同的臂长（图 1-1-25）。由于起重臂受力的复杂性，各节臂是不容许交换位置的，必须按规定的顺序排列。节与节之间用销轴连接起来，拆装、运输都很方便。

图 1-1-25　起重臂臂节

水平臂小车变幅起重臂的横截面多为等腰三角形。上弦杆可采用无缝钢管、角钢或实心圆钢，斜腹杆和水平腹杆采用无缝钢管和角钢，两根下弦杆为槽钢或方管。因为下弦杆要兼作牵引小车的运行轨道，故其表面处于同一水平面内，侧表面应处于同一铅垂面内，以减少小车行走的冲击。起重臂总成如图 1-1-26 所示。

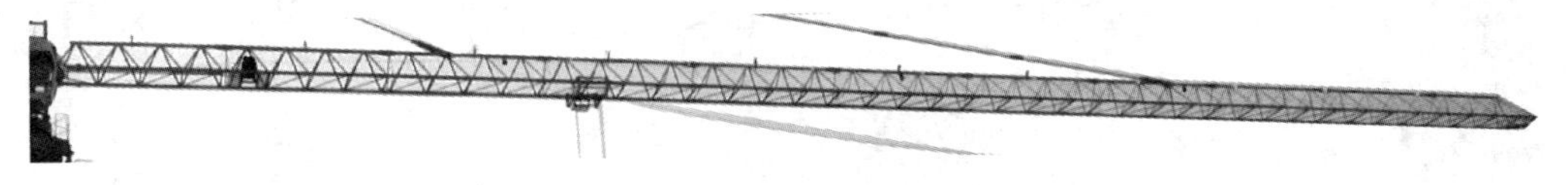

图 1-1-26　起重臂总成

(7) 平衡臂

平衡臂用来搁置平衡重、起升机构、电控柜等设施，是由工字钢、槽钢、方钢管或角钢组焊而成的平面框架或空间桁架（图 1-1-27、图 1-1-28）。其上设有走道和防护栏杆，便于人员在上面进行安装和检修作业。上回转塔机的平衡臂相对较长，一般为起重臂长的 1/4 左右。全臂一般分为前后两节，节间用销轴连接。其根部用销轴与回转塔身相连，尾部通过平衡拉杆与塔顶相连。平衡重搁置在尾部，起升机构也靠后方布置，电控柜靠前方，这样布置平衡效果最好，而且便于检查、维护和管理。

图 1-1-27　片式平衡臂

图 1-1-28　桁架式平衡臂

(8) 附着架

当自升式塔机达到其自由高度、需要继续向上顶升接高时，为了增加塔身的稳固能力，必须通过锚固装置附着在建筑结构上（图 1-1-29）。塔机的附着在其使用说明书中有具体的要求，应严格遵照执行。

塔机附着装置由锚固环和附着撑杆组成，锚固环多用钢板组焊成箱形结构，根据附着点的布置装设在塔身结构水平腹杆节点上。

通过锚固环和附着撑杆将起重机塔身锚固在建筑物上，以增加塔身的刚度和整体稳定性。撑杆的长度可以调整，以满足塔身中心线到建筑物的距离限制。通常这个距离按 3.5～5m 设计，但在很多工地受裙楼或其他障碍限制，需要加大附着距离，有的达到十几米远。此时附着架的受力性质会有很大的改变，受到的弯矩增大，受压能力降低，

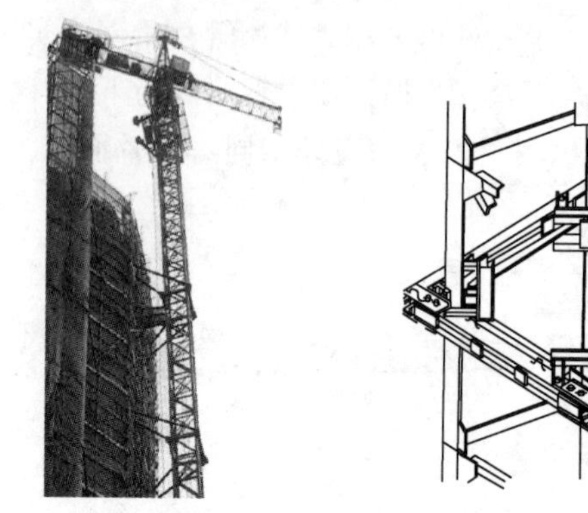
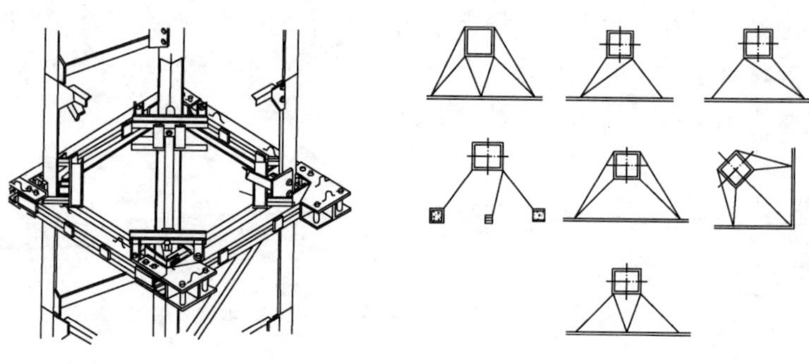

图 1-1-29　塔机的附着及常见附着架示意图

易失稳，一定要由专业人员另行设计。

2. 塔式起重机的工作机构

塔式起重机的工作机构包括起升机构、回转机构、变幅机构和台车行走机构等，一般的塔式起重机只涉及前面的三大机构，只有行走式塔机才有台车行走机构。

(1) 起升机构

起升机构是塔式起重机功率最大的机构，调速范围广，在重载下工作。起升机构实际上就是一台可调速的卷扬机，其功能是起吊物品。其主要组成部分有电动机、变速箱、制动器、卷筒、底架、轴承座和安全装置等。塔机起升机构相对一般卷扬机来说有其特殊的地方，主要是起吊高度高、容绳量大、起升速度快、可慢就位、可调速范围大，而且钢丝绳要换倍率工作。在不同速度下其容许的起重量不同，所以其安全保护装置比普通卷扬机复杂，且要限制起重量、限位。尤其是上回转自升式塔机，以上特殊要求更加突出。

为了满足塔式起重机以上的工作要求，人们已开发出多种形式的起升机构，每种形式各有其特点。下面介绍两种常用的起升机构形式。

起升机构按照结构形式可分为 π 形布置和 L 形布置。

π 形布置是最传统的布置形式，也是使用最多的布置形式（图 1-1-30）。其优点是可以使用普通的圆柱齿轮减速机，有大批量生产的供货来源，成本低。其缺点是电动机与卷筒平行，减速机的中心距限制了卷筒的直径。对于小容绳量的卷扬机，π 形布置可以将就使用，但对大容绳量的起升机构，卷筒只能做得小而长。这种起升机构绕绳半径小，钢丝绳回弹力大，起升绳偏摆角大，容易乱绳，且钢丝绳弯曲应力大，容易发生疲劳断裂。

L 形布置的传动路线必须有 90°的折转，也就是卷筒轴线与电动机轴线成 90°角，这样就避免了电动机与卷筒的干涉，卷筒直径可以加大，做成大而短的卷筒，可以克服 π 形布置的缺点，这是 L 形布置的主要优点所在。然而，L 形布置也有缺点：一是减速机内有一对螺旋伞齿轮，正是靠它才能改变传动方向；二是电动机、制动器、减速机都在卷筒的同侧，如要求卷筒对中，单边受载过大，对平衡臂受载不利。L 形布置的起升机构如图 1-1-31 所示。

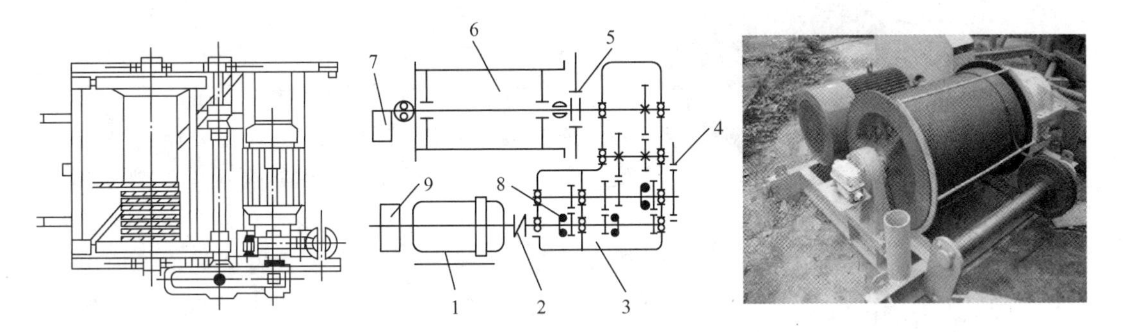

图 1-1-30　π形布置的起升机构

1. 电动机；2. 联轴器；3. 变速箱；4. 常闭式液力推杆制动器；5. 带制动器的联轴器；6. 卷筒；7. 高度限位器；8. 滚动轴承；9. 涡流制动器

图 1-1-31　L形布置的起升机构

（2）回转机构

塔式起重机是靠起重臂的回转来保障其工作覆盖面的。回转运动的产生通过以下过程实现：上下回转支座分别装在回转支承的内外圈上，并由回转机构驱动小齿轮，小齿轮与回转支承的大齿圈啮合，带动回转上支座相对于下支座运动。

回转支承相当于一个既承受正压力又承受弯矩的大平面轴承，由专门的制造厂生产。回转支承要承受正压力和弯矩，而回转机构要提供足够的动力，推动回转上支座及其以上所有零部件进行回转。由于塔机回转惯性很大，回转启动、制动时往往会产生惯性冲击。为了保证回转平稳，要求回转机构工作特性要软，回转加速度一定要小。通常回转机构由回转电动机、液力耦合器、回转制动器、回转减速机和小齿轮等组成，如图 1-1-32 所示。

图 1-1-32　回转机构

图 1-1-33　变幅机构

(3) 变幅机构

现代塔机绝大多数采用小车臂架的形式来实现变幅，也就是由小车变幅机构牵引载重小车，在臂架上往复运动，以实现吊钩和重物工作幅度的改变。所以，变幅机构也叫牵引机构（图 1-1-33）。小车变幅是一种水平移动，移动的对象为小车、吊钩和重物。变幅机构通常装在臂架里面，由电动机、减速机、制动器、卷筒和机架组成。对于蜗轮蜗杆减速机，由于其具有自锁性，断电后能自动停车，不会过多溜车，所以也可以不再加制动器。

现有塔机的变幅机构构造形式较多，同样有 π 形布置、立式 L 形布置和“一”字形布置、减速机内置式、机电合一的电动卷筒等。

π 形布置：这是早期的布置形式，减速机为普通蜗轮蜗杆，电动机通过皮带轮减速后输入减速机，可降低蜗轮蜗杆的输入转速，减少磨损和发热。

立式 L 形布置：立式电动机直联在蜗轮蜗杆减速机上，可不带制动器，结构很紧凑，但输入转速较高，对蜗轮蜗杆磨损不利。

“一”字形布置：电动机、减速机、卷筒和轴承座布置在一条直线上。电动机尾部带盘式制动器，或用锥形转子电动机。减速机往往是摆线针轮或行星齿轮减速机。该结构传动效率高，磨损小，用得也较多，其电动机尾部悬出臂架外。

减速机内置：其构造属于“一”字形，但把减速机置于卷筒内部，夹住减速机输出轴旋转。电动机尾部带制动盘，其伸出轴通过一个传动套带动减速机的输入轴，套外有轴承卷筒，并支于轴承座上。轴承座带法兰盘，可直联电动机。这种机构结构很紧凑，效率高，目前应用最多。

(4) 液压顶升机构

液压顶升机构由电动机驱动油泵，液压油经手动换向阀、平衡阀进入液压缸，使液压缸伸缩，实现塔机上部的升降。该机构与爬升架上的两个活动爬爪配合工作，使塔机能自行顶升接高或拆降。液压顶升机构工作平稳，操作简单方便，安全可靠，在工作行程中可停留在任何位置，以方便塔身标准节的安装、拆卸。

塔机安装时，先将油缸顶升横梁组装在一起，再与爬升架连接，随爬升架安装。为了防止油缸摆动，应将其组件与爬升架临时固定。

待塔机基础节安装后，将液压泵站（包括油箱、电动机和换向阀等）吊运到爬升架平台上，随爬升架一起安装，然后拆除液压缸组件与爬升架的临时固定，再连接两根高压软管，各方面检查无误后方可试车。试车时先使液压缸无载伸缩数次，检查有无异常现象，并排除液压系统内的空气。

液压顶升机构的工作原理和结构如图 1-1-34、图 1-1-35 所示。

(5) 塔机行走机构

塔式起重机是高耸的机械设备，为此防止倾倒是非常重要的，故其行走只能在水平轨道上。塔机行走机构的驱动方式分为集中驱动和分别驱动两大类。集中驱动是由一台

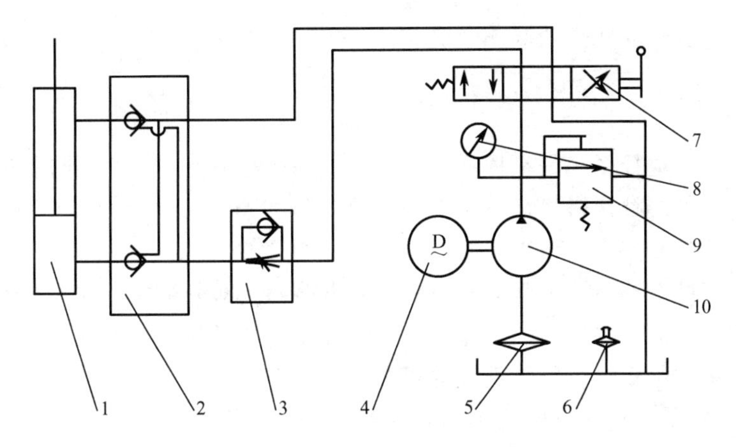

图 1-1-34　液压顶升机构的工作原理

1. 油缸；2. 双向液控锁（或平衡阀）；3. 单向节流阀；4. 电动机；5. 滤油器；6. 空气滤清器；7. 手动阀；8. 压力表；9. 溢流阀；10. 泵

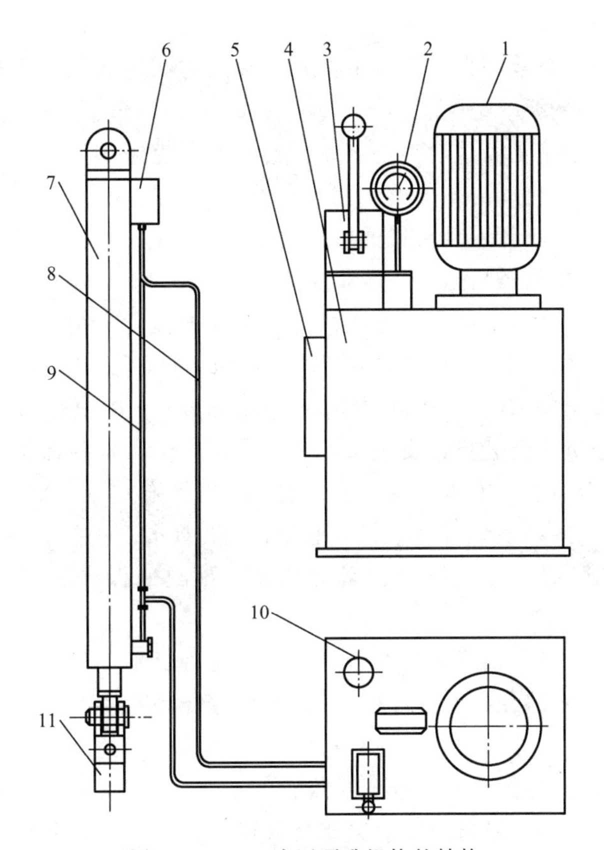

图 1-1-35　液压顶升机构的结构

1. 电动机；2. 压力表及溢流阀；3. 手动换向阀；4. 油箱；5. 油标；6. 平衡阀；7. 油缸；8. 高压软管；9. 油管；10. 注油口；11. 顶升横梁

电动机带动两组主动轮，使塔机在轨道上行走。集中驱动又分为单边驱动和双边驱动。单边驱动的主动轮布置在轨道的同一侧，从动轮在另一侧，这对弯曲轨道行走有利；双边驱动的主动轮分布在轨道的两侧，成对称状布置，因此适合于直线轨道运行。

3. 塔式起重机的电控系统安全要求

塔式起重机的电控系统是指挥系统，是塔机的神经中枢，其性能与质量直接决定一台塔机的性能。据统计，塔机运行中的故障有70%以上出在电控系统，所以学习和掌握电控系统的原理和基本知识很重要。

塔式起重机的电路系统由动力电路和控制电路两大部分组成，这和其他电力拖动系统差不多，但塔机的工作环境、工作条件和需要完成的任务决定了它与别的电力拖动系统又不一样。塔式起重机对电气系统的要求具有如下一些特点：

1）塔式起重机长期在野外工作，环境条件差，元件易于老化、失去绝缘性能或者锈蚀、接触不良，因此塔机电控系统如果用一般的室内电路系统元件则不太适用。

2）塔机作业是高空作业，危险性大，安全要求高，这就决定了塔机电气系统的元件可靠性要高。如果故障率过高，关键时刻操作失灵的机会增加，容易发生事故。

3）塔式起重机作业范围大，调速范围宽，高速与低速的比值可达到十几，这就对交流调速提出了较高的要求。

4）塔机的起升系统是满载启动，空中提升，既要克服重力，还要克服惯性力，所以启动性能要好，不仅启动力矩要够，而且启动电流冲击不能太大；加上塔机常常用变极调速，切换速度就是重新启动，普通电动机适应不了这一要求，常规启动方法也不能用。因此，启动方法也是塔机电控系统中一个重要的环节。

5）塔机回转机构、行走机构都是惯性力非常大的拖动机构，既要平稳启动，又不能快速制动，其拖动特性要软，变速要柔和，这也给电气系统提出了特殊要求。

6）由于塔机安全要求高，正确的操作程序和防止失误措施就显得特别重要。

7）为了保障塔机安全运行，安全保护装置设置较多，这些保护装置大多与电控限位开关有关，而且电控系统本身还有自己的安全保护措施。

塔式起重机的电气系统装有多个电气保护装置，如电动机的保护、线路保护、错相与缺相保护、零位保护、失压保护、紧急停止、预减速保护、避雷保护、照明、信号等。

1）电动机的保护。电动机应具有以下一种或几种保护，具体选用时应按电动机及其控制方式确定：①短路保护；②在电动机内设置热传感器；③热过载保护。

2）线路保护。所有外部线路都应具有短路或接地引起的过电流保护功能，在线路发生短路或接地时瞬间保护装置应能分断线路。

3）错相与缺相保护。塔机应设有错相与缺相、欠压、过压保护。

4）零位保护。塔机各机构控制回路应设有零位保护。运行中因故障或失压停止运行后，重新恢复供电时，机构不得自行动作，应人为将控制器置零位后机构才能重新启动。

5）失压保护。当塔机供电电源中断后，各用电设备均应处于断电状态，避免恢复供电时用电设备自动启动。

6）紧急停止。司机操作位置处应设置紧急停止按钮，在紧急情况下能方便地切断塔机控制系统电源。紧急停止按钮应为红色非自动复位式。

7）预减速保护。塔机具有多挡变速的变幅机构，宜设有自动减速功能，使变幅到达极限位置前自动降为低速运行。

塔机具有多挡变速的起升机构，宜设有自动减速功能，使吊钩在到达上限位前自动降为低速运行。

8）避雷保护。为避免雷击，塔机主体结构、电动机机座和所有电气设备的金属外壳、导线的金属保护管均应可靠接地，其接地电阻应不大于4Ω。采用多处重复接地时，其接地电阻应不大于10Ω。

9）照明、信号。司机室应有照明设施，照度不应低于30lx。照明电路电压应不大于250V，其供电应不受停机影响。

塔顶高于30m的塔机，其最高点及臂端应安装红色障碍指示灯，指示灯的供电应不受停机影响。

操纵装置上应设有电源开合状态信号指示、超起重力矩和超起重量的报警或信号指示。

1.1.4　塔式起重机安全装置的基本结构与使用

1. 起重量限制器

（1）起重量限制器的作用

塔机的许多结构件、机构及零件都是根据塔机整体设计时设定的最大起重量而计算、设计的，起重量限制器就是用来防止塔机出现超过最大起重量作业而损坏塔机构件、机构或零件，保证塔机的作业安全的（图1－1－36、图1－1－37）。

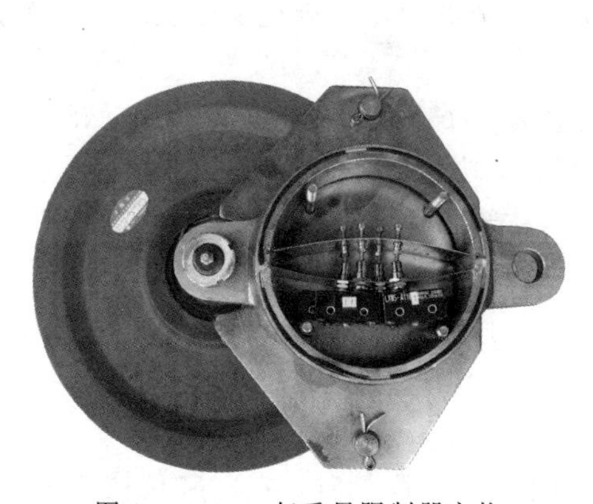

图1－1－36　起重量限制器实物

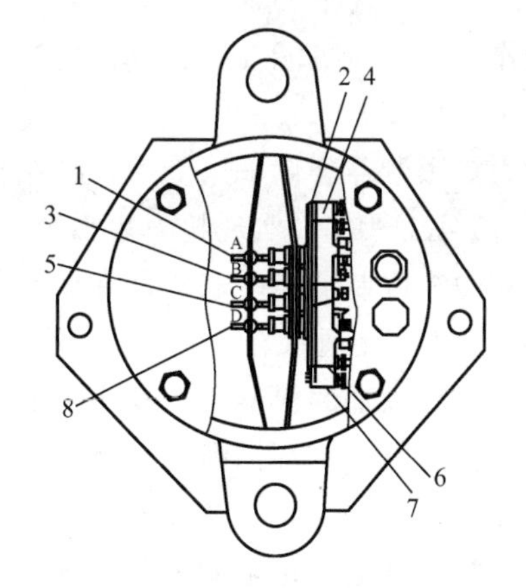

图1－1－37　起重量限制器的结构

1～8. 调整螺钉

（2）工作原理

起重量限制器是一个名叫测力环的专用组件，它安装在回转塔身上（图1－1－38），起重钢丝绳从其滑轮绳槽中穿过，荷载在钢丝绳上的张力经滑轮传给安装滑轮的测力

图1-1-38　起重量限制器安装于回转塔身上

环，使测力环产生微量变形，这个变形由测力环内的放大器放大。当荷载达到某设定值时，放大器金属片上的可调螺钉即顶开行程开关，使起升机构的某速度控制电路断开，而使起升机构不能作某速度下的运行，从而限制某速度下的荷载。通过调整测力环四个调整螺钉就可以使某速度下的荷载得以控制。

（3）调整要求

起重量达到额定起重量的50%时，限制起升速度最高在二挡运行；起重量达到额定起重量的90%时，发出提示性声音警告；达到额定起重量的110%时，切断起升电动机的电源，禁止起升，容许下降。

2. 力矩限制器

（1）力矩限制器的作用

力矩限制器是用来限制塔机实际作业起重力矩，使其不致超过额定起重力矩而导致整机倾翻事故的安全装置。力矩限制器是塔机各种安全装置中最重要、最关键的一项。塔机上使用的力矩限制器一般有电子式力矩限制器和机械式力矩限制器两种。

（2）工作原理

当塔机起吊重物时，塔顶受力，塔顶的后弦杆发生弯曲，焊接在塔顶上的上下拉铁发生了变化，即上拉铁向上方弧线产生位移，下拉铁向下方弧线产生位移，使拉杆受力，拉动环体发生变形，装在环体内的弓形板也发生变形，带动微动开关触头碰到环体上的可调螺钉，实现在达到设定的不同力矩时能够声光报警并限制变幅小车高速向外或切断塔机起升向上和变幅小车向外变幅的电路，允许向内变幅和下降，起到限制力矩的保护作用，使塔机能及时、方便地卸去载荷或减小荷载力矩，避免了塔机超力矩作业，保证了塔机安全。

力矩限制器环体采用受力环的结构，内部装有四个微动开关，可调整微动开关（调整螺钉）K1～K3，实现超力矩报警、超力矩断电等功能（图1-1-39）。

当力矩限制器安装完毕，在调整拉杆顶部的松紧螺母时，应将K4（常开）点1号、2号线调整为接通状态。1号、2号线串入起升机构的控制线路中，防止用户调整力矩限制器拉杆顶部的松紧调整螺母，随意增加塔机的吨位。当人为随意调松调整螺母时（增大起重吨位），环体内微动开关K4动作，1号、2号线断开，起升机构上升的控制线路断开。

拉杆式环形力矩限制器采用外调整方法进行调整。调整时，在“吨位调整”处用M5内六角扳手调整即可，逆时针为增加吨位，顺时针为减少吨位。

力矩限制器调整校验完毕，可将锁扣盖好，用M4×40螺钉穿过锁销上的孔，用M4螺母扭紧，再将螺钉弯曲，防止非专业人员调整。

（3）调整要求

当达到额定起重力矩的110%（实际中一般定为108%），应切断上升方向和向外方

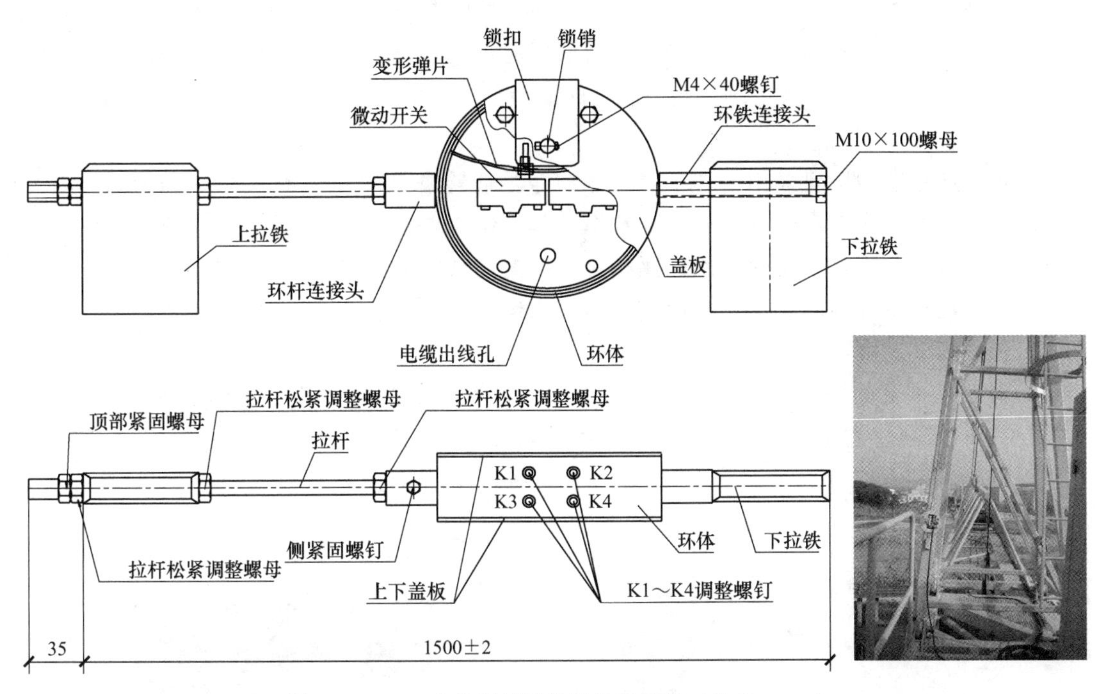

图 1-1-39　力矩限制器的结构及实物（单位：mm）

向变幅电源；在起重力矩达到额定值的 90%时，通过力矩限制器能发出一种预警信号；当其最大变幅速度超过 40m/min，小车向外运行，且起重力矩达到额定值的 80%时，变幅速度应自动转换为不大于 40m/min 的速度运行。

3. 起升高度、幅度、回转限制器

(1) 回转限制器

旧式塔机上大都装备有中央集电环，使塔机可以任意回转，转向及回转次数不受限制。但现代塔机均不设置这种集电环，为了限制塔机回转的角度，以免损坏或扭断电缆，现代塔机一般设置回转限位开关。图 1-1-40、图 1-1-41 是塔机的回转限制器

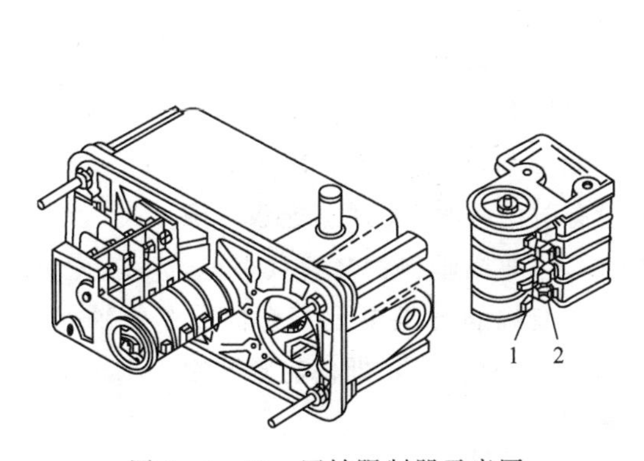

图 1-1-40　回转限制器示意图

1. 凸块；2. 开关

图 1-1-41　回转限制器的安装部位

示意图及安装部位图。它用来控制塔机正转或反转圈数（3/2 圈），保护电缆不被扭断。回转限制器有一个减速装置，通过齿轮与回转大齿轮啮合，记录起重机回转圈数；减速装置带动凸块 1 拨动开关 2，从而控制回转圈数。

（2）变幅限制器

水平起重臂型塔机采用的变幅限制器型号与回转塔机一样，图 1-1-42 所示是变幅限制器安装在小车牵引卷扬机上的状态。其工作原理是：限制器有一个减速装置，通过一个小齿轮与固定于卷筒上的齿圈啮合，根据记录的卷筒转数即可知卷出的绳长；减速装置带动凸块控制断路器，从而使小车停止运行。

（3）起升高度限制器

水平起重臂的塔机是在起升卷扬机卷筒旁装有多功能限位器，用于起升超高限位（图 1-1-43）。卷筒运转时，通过齿轮带动限位器，当某一凸块压住相应触点时，该限位开关断开，起到限位作用。吊钩滑轮组倍率不同时，起升高度限制器要重新调整。

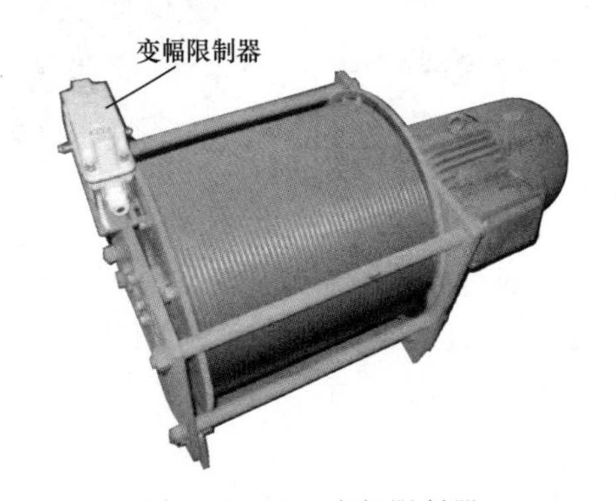

图 1-1-42　变幅限制器

图 1-1-43　起升高度限制器

4. 其他安全装置

（1）小车断绳保护装置

小车变幅的塔机，变幅的双向均应设置断绳保护装置（图 1-1-44）。

图 1-1-44　小车断绳保护装置

（2）钢丝绳防脱装置

滑轮、起升卷筒及动臂变幅卷筒均应设有钢丝绳防脱装置，该装置与滑轮或卷筒侧板最外缘的间隙不应超过钢丝绳直径的 20%；吊钩也应设有防止钢丝绳脱钩的装置（图 1-1-45）。

（3）小车断轴保护装置（小车防坠落装置）

小车变幅的塔机应设置变幅小车断轴保护装置（图 1-1-46），即使轮轴断裂，小车也不会掉落。

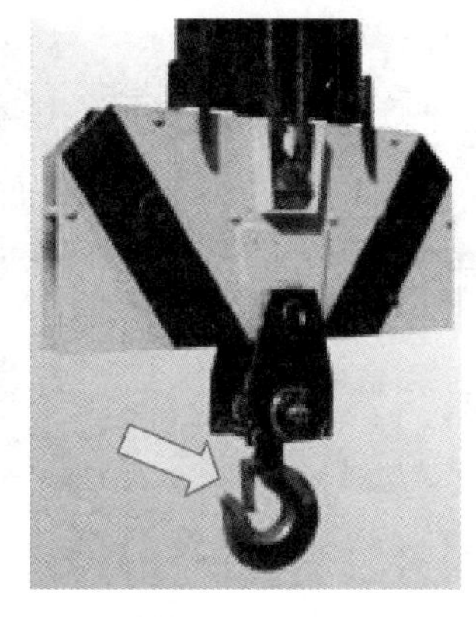

图 1-1-45　钢丝绳防脱装置

(4) 风速仪

起重臂根部铰点高度大于 50m 的塔机应配备风速仪。当风速大于工作极限风速时风速仪应能发出停止作业的警报。风速仪应设在塔机顶部的不挡风处（图 1-1-47）。

(5) 夹轨器

轨道式塔机应安装夹轨器，使塔机在非工作状态下不能在轨道上移动（图 1-1-48）。

图 1-1-46　小车断轴保护装置

图 1-1-47　风速仪

图 1-1-48　夹轨器

(6) 缓冲器、止挡装置

塔机行走和小车变幅的轨道行程末端均需设置止挡装置。缓冲器安装在止挡装置或塔机（变幅小车）上，当塔机（变幅小车）与止挡装置撞击时，缓冲器应使塔机（变幅小车）较平稳地停车而不产生猛烈的冲击（图 1-1-49）。

(7) 顶升横梁防脱装置

自升式塔机应具有防止塔身在正常加节、降节作业时顶升横梁从塔身支承中自行脱出的装置（图 1-1-50）。

(8) 障碍指示灯

塔顶高于 30m 的塔机，其最高点及臂端应安装红色障碍指示灯，指示灯的供电应不受停机影响（图 1-1-51）。

图 1-1-49 缓冲器

图 1-1-50 顶升横梁防脱装置

图 1-1-51 障碍指示灯

1.1.5 塔式起重机的主要零件及易损件报废标准

1. 结构件的报废及工作年限

塔机主要承载结构件由于腐蚀或磨损而使结构的计算应力提高，当超过原计算应力的 15%时应予报废。无计算条件的，当腐蚀深度达原厚度的 10%时应予报废。

塔机主要承载结构件如塔身、起重臂等，失去整体稳定性时应报废。如局部有损坏并可修复的，则修复后不应低于原结构的承载能力。

塔机的结构件及焊缝出现裂纹时，应根据受力和裂纹情况采取加强或重新施焊等措施，并在使用中定期观察其发展。无法消除裂纹影响的应予以报废。

塔机主要承载结构件的正常工作年限按使用说明书要求或按使用说明书中规定的结构工作级别、应力循环等级、结构应力状态计算。若使用说明书未对正常工作年限、结构工作级别等作出规定，且不能得到塔机制造商确定的，则根据中华人民共和国住房和城乡建设部公告第 659 号《建设事业“十一五”推广应用和限制禁止使用技术（第一批）》中的要求执行：“630kN · m 以下（不含 630kN · m）、出厂年限超过 10 年（不含 10 年）的塔式起重机；630～1250kN · m（不含 1250kN · m）、出厂年限超过 15 年（不含 15 年）的塔式起重机；1250kN · m 以上、出厂年限超过 20 年（不含 20 年）的塔式起重机。由于使用年限过久，存在设备结构疲劳、锈蚀、变形等安全隐患。超过年限的，由有资质的评估机构评估合格后可继续使用。”

2. 钢丝绳的报废标准

根据《起重机　钢丝绳　保养、维护、检验和报废》(GB/T 5972—2016)，钢丝绳报废标准如下。

（1）断丝的性质和数量

起重机的总体设计不允许钢丝绳有无限长的使用寿命。

对于 6 股和 8 股的钢丝绳，断丝通常发生在外表面。对于阻旋转钢丝绳，断丝大多发生在内部，因而是非可见的断丝。表 1-1-3 和表 1-1-4 是把各种因素综合考虑后确定的断丝控制标准。

谷部断丝可能指示钢丝绳内部的损坏，需要对该区段钢丝绳做更周密的检验。当在一个捻距内发现两处或多处谷部断丝时，钢丝绳应考虑报废。

当制定阻旋转钢丝绳报废标准时，应考虑钢丝绳的结构、使用长度和使用方式。有关钢丝绳的可见断丝数及报废标准见表1-1-4。

此外，应特别注意出现润滑油发干或变质现象的局部区域。

表1-1-3　钢制滑轮上使用的单层股钢丝绳和平行捻密实钢丝绳中达到或超过报废标准的可见断丝数

钢丝绳类别号 RCN	外层股中承载钢丝的总数[a] n	可见断丝的数量[b]					
		在钢制滑轮和/或单层缠绕在卷筒上工作的钢丝绳区段（钢丝断裂随机分布）				多层缠绕在卷筒上工作的钢丝绳区段[c]	
		工作级别M1～M4或未知级别[d]				所有工作级别	
		交互捻		同向捻		交互捻和同向捻	
		长度范围大于 $6d$[e]	长度范围大于 $30d$[e]	长度范围大于 $6d$[e]	长度范围大于 $30d$[e]	长度范围大于 $6d$[e]	长度范围大于 $30d$[e]
01	$n\leqslant50$	2	4	1	2	4	8
02	$51\leqslant n\leqslant75$	3	6	2	3	6	12
03	$76\leqslant n\leqslant100$	4	8	2	4	8	16
04	$101\leqslant n\leqslant120$	5	10	2	5	10	20
05	$121\leqslant n\leqslant140$	6	11	3	6	12	22
06	$141\leqslant n\leqslant160$	6	13	3	6	12	26
07	$161\leqslant n\leqslant180$	7	14	4	7	14	28
08	$181\leqslant n\leqslant200$	8	16	4	8	16	32
09	$201\leqslant n\leqslant220$	9	18	4	9	18	36
10	$221\leqslant n\leqslant240$	10	19	5	10	20	38
11	$241\leqslant n\leqslant260$	10	21	5	10	20	42
12	$261\leqslant n\leqslant280$	11	22	6	11	22	44
13	$281\leqslant n\leqslant300$	12	24	6	12	24	48
	$n>300$	$0.04n$	$0.08n$	$0.02n$	$0.04n$	$0.08n$	$0.16n$

注：1. 具有外层股且每股钢丝数≤19根的西鲁型（Seale）钢丝绳（如6×19西鲁型）在表中被分列于两行，上面一行构成为正常放置的外层股承载钢丝的数目。

2. 在多层缠绕卷筒区段上述数值也适用于在滑轮上工作的钢丝绳的其他区段，该滑轮是用合成材料制成的或具有合成材料轮衬，但不适用于在专门用合成材料制成的或以合成材料轮衬组合的单层卷绕的滑轮上工作的钢丝绳。

a. 本标准中的填充钢丝未被视为承载钢丝，因而不包含在 n 值中。

b. 一根断丝会有两个断头（按一根钢丝计数）。

c. 这些数值适用于在跃层区和由于缠入角影响重叠层之间产生干涉而损坏的区段（且并非仅在滑轮上工作和不缠绕在卷筒上的钢丝绳的那些区段）。

d. 可将以上所列断丝数的两倍数值用于已知其工作级别为M5～M8的机构，参见GB/T 24811.1—2009。

e. d 为钢丝绳公称直径。

表 1-1-4 在阻旋转钢丝绳中达到或超过报废标准的可见断丝数

钢丝绳类别号 RCN	钢丝绳外层股数和在外层股中承载钢丝总数[a] n	可见断丝数量[b]			
		在钢制滑轮和/或单层缠绕在卷筒上工作的钢丝绳区段		多层缠绕在卷筒上工作的钢丝绳区段[c]	
		长度范围大于 $6d$[d]	长度范围大于 $30d$[d]	长度范围大于 $6d$[d]	长度范围大于 $30d$[d]
21	4 股 $n \leqslant 100$	2	4	2	4
	3 股或 4 股 $n \geqslant 100$	2	4	4	8
	至少 11 个外层股				
23-1	$76 \leqslant n \leqslant 100$	2	4	4	8
23-2	$101 \leqslant n \leqslant 120$	2	4	5	10
23-3	$121 \leqslant n \leqslant 140$	2	4	6	11
24	$141 \leqslant n \leqslant 160$	3	6	6	13
25	$161 \leqslant n \leqslant 180$	4	7	7	14
26	$181 \leqslant n \leqslant 200$	4	8	8	16
27	$201 \leqslant n \leqslant 220$	4	9	9	18
28	$221 \leqslant n \leqslant 240$	5	10	10	19
29	$241 \leqslant n \leqslant 260$	5	10	10	21
30	$261 \leqslant n \leqslant 280$	6	11	11	22
31	$281 \leqslant n \leqslant 300$	6	12	12	24
	$n > 300$	6	12	12	24

注：1. 具有外层股的每股钢丝数≤19 根的西鲁型（Seale）钢丝绳（如 18×19 西鲁型- WSC 型）在表中被放置在两行内，上面一行构成为正常放置的外层股承载钢丝的数目。

2. 在多层缠绕卷筒区段上述数值也适用于在滑轮上工作的钢丝绳的其他区段，该滑轮是用合成材料制成的或具有合成材料轮衬。它们不适用于在专门用合成材料制成的或以合成材料内层组合的单层卷绕的滑轮上工作的钢丝绳。

a. 本标准中的填充钢丝未被视为承载钢丝，因而不包含在 n 值中。

b. 一根断丝会有两个端头（计算时只算一根钢丝）。

c. 这些数值适用于在跃层区和由于缠入角影响重叠层之间产生干涉而损坏的区段（且并非仅在滑轮上工作和不缠绕在卷筒上的钢丝绳的那些区段）。

d. d 为钢丝绳名义直径。

（2）绳端断丝

绳端或其邻近的断丝尽管数量很少，但表明该处的应力很大，可能是绳端不正确的安装所致，应查明损坏的原因。为了继续使用，若剩余的长度足够，应将钢丝绳截短（截去绳端断丝部位），再造终端，否则钢丝绳应报废。

（3）断丝的局部聚集

如断丝紧靠在一起形成局部聚集，则钢丝绳应报废。如这种断丝聚集在小于 $6d$（d 为钢丝绳公称直径）的绳长范围内，或者集中在任一支绳股里，那么即使断丝数比表 1-1-3 或表 1-1-4 列出的最大值少，钢丝绳也应予以报废。

（4）断丝的增加率

在某些使用场合，疲劳是引起钢丝绳损坏的主要原因，钢丝绳在使用一段时间之后才会出现断丝，而且断丝数将会着时间的推移逐渐增加。在这种情况下，为了确定断丝的增加率，建议定期仔细检验并记录断丝数，以此为据，可以推定钢丝绳未来报废的日期。

（5）绳股断裂

如果整支绳股发生断裂，钢丝绳应立即报废。

（6）绳径因绳芯损坏而减小

由绳芯的损坏引起钢丝绳径减小的主要原因如下：内部的磨损和钢丝压痕；钢丝绳中各绳股和钢丝之间的摩擦引起的内部磨损，特别是当其受弯曲时尤甚；纤维绳芯的损坏；钢芯的断裂；阻旋转钢丝绳中内层股的断裂。

如果由这些因素导致阻旋转钢丝绳实测直径比钢丝绳公称直径减小3%，或其他类型的钢丝绳公称直径减小10%，即使没有可见断丝，钢丝绳也应报废。

（7）外部磨损

钢丝绳外层绳股的钢丝表面的磨损是由其在压力作用下与滑轮和卷筒的绳槽接触摩擦造成的。这种现象在吊运荷载加速或减速运动时，当钢丝绳与滑轮接触的时候特别明显，而且表现为外部钢丝被磨成平面状。

润滑不足或不正确的润滑及灰尘和砂砾会促使磨损加剧。

磨损使钢丝绳股的横截面面积减少，从而降低钢丝绳的强度。如果外部的磨损使钢丝绳实际直径比其公称直径减少7%或更多时，即使无可见断丝，钢丝绳也应报废。

（8）弹性降低

在某种情况下（通常与工作环境有关），钢丝绳的实际弹性显著降低，继续使用是不安全的。

虽未发现可见断丝，但钢丝绳手感明显僵硬，且直径减小，这比单纯由于钢丝磨损直径减小要更严重。这种状态会导致钢丝绳在动载作用下突然断裂，是钢丝绳立即报废的充分理由。

（9）外部腐蚀和内部腐蚀

1）外部腐蚀：由于腐蚀侵袭及钢材损失而引起的钢丝松弛，是钢丝绳立即报废的充分理由。

2）内部腐蚀：如果有任何内部腐蚀的迹象，应对钢丝绳做内部检验。一经确认有严重的内部腐蚀，钢丝绳应立即报废。

（10）变形

钢丝绳失去正常形状而产生可见的畸形，称为变形，这种变形会导致钢丝绳内部应力分布不均匀。

1）波浪形变形。当出现此变形，在钢丝绳长度不大于$25d$的范围内若$d_1 \geqslant 4/3d$，则钢丝绳应报废。这里d为钢丝绳公称直径，d_1为钢丝绳变形后包络的直径。

2）笼状畸变。有笼状畸变的钢丝绳应立即报废。

3）绳芯或绳股挤出/扭曲。有绳芯或绳股挤出（隆起）或扭曲的钢丝绳应立即报废。

4）钢丝挤出。一些钢丝或钢丝束在钢丝绳背对滑轮槽的一侧拱起形成环状的变形。有钢丝挤出的钢丝绳应立即报废。

5）绳径局部增大。钢丝绳直径发生局部增大，并能波及相当长的一段钢丝绳，这种情况通常与绳芯的畸变有关（在特殊环境中，纤维芯由于受潮而膨胀），结果使外层绳股受力不均衡，造成绳股错位。如果这种情况使钢丝绳实际直径增加5%以上，钢丝绳应立即报废。

6）部分压扁。通过滑轮部分压扁的钢丝绳将会很快损坏，表现为断丝并可能损坏滑轮。严重压扁的钢丝绳应立即报废。位于固定索具中的钢丝绳压扁部位会加速腐蚀，如果继续使用，应按规定的缩短周期对其进行检查。

7）扭结。扭结是由于钢丝绳成环状，在不允许绕其轴线转动的情况下被绷紧造成的一种变形。其结果是出现捻距不均而引起的过度磨损，严重时钢丝绳将产生扭曲，以致仅存极小的强度。有扭结的钢丝绳应立即报废。

8）弯折。弯折是由外界因素引起的钢丝绳的角度变形。有严重弯折的钢丝绳类似钢丝绳的部分压扁，应按“部分压扁”的要求处理。

（11）受热或电弧引起的损坏

钢丝绳因异常的热影响作用在外表出现可识别的颜色变化时应立即报废。

3. 其他零部件的报废标准

1）卷筒和滑轮有下列情况之一的应予以报废［根据《塔式起重机安全规程》（GB 5144—2006）］：

① 裂纹或轮缘破损。

② 卷筒壁磨损量达原壁厚的10%。

③ 滑轮绳槽壁厚磨损量达原壁厚的20%。

④ 滑轮槽底的磨损量超过相应钢丝绳直径的25%。

2）制动器零件有下列情况之一的应予以报废：

① 可见裂纹。

② 制动块摩擦衬垫磨损量达原厚度的50%。

③ 制动轮表面磨损量达1.5～2mm。

④ 弹簧出现塑性变形。

⑤ 电磁铁杠杆系统空行程超过其额定行程的10%。

3）车轮有下列情况之一的应予以报废［根据《塔式起重机安全规程》（GB 5144—2006）］：

① 可见裂纹。

② 车轮踏面厚度磨损量达原厚度的15%。

③ 车轮轮缘厚度磨损量达原厚度的50%。

4）吊钩出现下述情况之一时应予以报废［根据《塔式起重机安全规程》（GB 5144—2006）］：

① 用 20 倍放大镜观察表面有裂纹。

② 钩尾和螺纹部分等危险截面及钩筋有永久性变形。

③ 挂绳处截面磨损量超过原高度的 10%。

④ 芯轴磨损量超过其直径的 5%。

⑤ 开口度比原尺寸增加 15%。

任务 1.2　塔式起重机的安全操作与起重吊运指挥信号

1.2.1　塔式起重机的安全操作

1. 塔式起重机的操作

塔机操作台设置在塔机驾驶室内，操作台有多种形式，但基本功能均相差不多。《塔式起重机安全规程》（GB 5144—2006）规定了左、右主操作箱的操作规定，如图 1-2-1 所示。

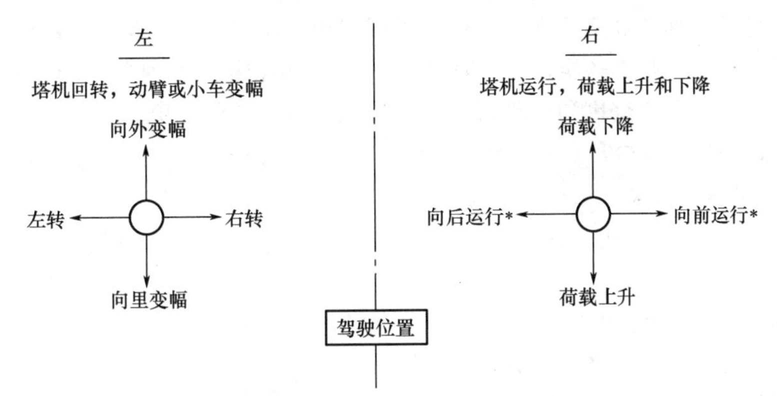

图 1-2-1　操作台手柄控制操作时的机构运动方向

*：可根据司机位置和习惯调整方向

操作台及手柄如图 1-2-2 所示。操作台手柄与机构运动方向的关系见表 1-2-1。

图 1-2-2　操作台（联动台）及手柄

表 1-2-1 操作台手柄与机构运动方向的关系

机构及运动方向		手柄方向
起升、变幅机构	上升、向里变幅	向着司机（手柄向后）
	下降、向外变幅	离开司机（手柄向前）
回转机构	向右回转 向左回转	手柄向右 手柄向左
行走机构	可根据司机位置和习惯调整方向	

采用轮式控制器操作的，机构运动方向应与表 1-2-2 规定的手轮旋转方向一致。

表 1-2-2 手轮旋转方向与机构运动方向

机构运动方向	手轮旋转方向
上升、向里变幅，向右回转	顺时针旋转
下降、向外变幅，向左回转	逆时针旋转

2. 作业前的检查

（1）办好交接班手续

交接班时要认真办好交接手续，检查机械履历书、交班记录及有关部门规定的运行记录等填写和记载得是否齐全。当发现或怀疑起重机有异常情况时，交班司机和接班司机必须当面交接。严禁交班和接班司机不接头或经他人转告交班。

（2）检查塔机各主要部位和装置

1）合上主隔离开关，接通主电源。

2）检查塔机基础螺栓、螺母是否松动，接地线是否脱落。金属构件的焊缝不应有裂纹和开焊。

3）必须在规定的通道内上、下塔式起重机，上、下起重机时不得握持任何物件，以便双手抓牢爬梯，并沿路检查标准节锈蚀程度、焊缝情况及螺栓连接有无松动。

4）检查回转机构处回转下支座与标准节连接情况，检查回转处主电缆是否缠绕严重，电缆有无损伤。

5）检查回转支座与回转节、回转节与塔尖连接情况，螺栓有无松动，销轴有无走位，开口销有无断落或脱落。

6）检查机械传动减速机的润滑油量和油质；检查液压油箱和制动器储油装置中的油量。油量应符合规定，并且油路无泄漏。

7）检查起升机构、刹车装置、排绳轮等的情况。检查内容包括：主起升钢丝绳排列是否正常、整齐，有无断股、弯折、断丝等现象；高度限位装置安装是否正常；对于走向起重臂，检查变幅机构是否设有幅度限位装置，变幅钢丝绳有无损伤，起升钢丝绳的绳尾放气装置是否灵活；变幅小车是否设有断绳保护装置，小车是否设置防脱落安全装置，小车走轮与车架连接是否松动，起升钢丝绳是否跳出滑轮轮槽。

8）检查力矩限制器内有无相应的行程开关（对于机械式力矩限制器）；检查起重量限制器是否正常。

9）检查起重臂上有否挂有幅度指示牌及是否安全。

（3）检查电气部分

1）检查塔机的接地或接零保护设施。

2）在接通电源前各控制器应处于零位。

3）操作系统应灵活、准确。电气元件工作正常，导线接头、各元器件的固定应牢固，无接触不良及导线裸露等现象。

4）工作电源电压应为380V×(1±10%)。

（4）吊运操作前的准备、空载运行及试吊重物

1）进入驾驶室，检查驾驶室内有无起重特性表，并对照起重臂上的幅度指示牌熟悉相应幅度的吊重；检查是否有灭火器及其使用说明。

2）将操作手柄置于零位，按下启动按钮，按响警铃，检查相序开关是否正常；检查风速仪是否正常，各指示灯、电压表、臂端及塔尖警示灯是否正常，电源电压是否达到380V，且其变动范围不得超过±10%。

3）将吊钩收至最高位置，空钩运行回转机构，仔细聆听回转机构有无异常响声，回转时要逐级换挡，禁止突然打反车；提前选好停止点，使用一挡就位，测试回转定位刹车是否有效，检查回转限位是否有效。

4）空钩开动变幅小车，并试运行各挡，检查变幅小车运行是否顺畅，防断绳保护装置有无与起重臂下腹杆偶尔干涉的现象，观察幅度限位能否起到自动转换速度及停止的作用，测试变幅刹车能否正常工作，各滑轮是否转动灵活。若钢丝绳太松，则收紧钢丝绳。

5）空钩开动起升机构，仔细聆听起升机构及各运行滑轮处有无异常响声，并逐挡变换速度。一挡不能使用太久，当吊钩离开地面时马上转入二挡，并逐级转入高速挡，然后依次减速，检查操纵手柄挡位是否正常。当吊钩上升至离起重臂下部5m时，应减速慢慢上升。测试上下限位装置能否起作用，刹车是否灵敏。

6）试吊重物，观察刹车有无溜车现象；将重物沿起重臂向外移动，直至力矩限制器动作，起到保护作用，这时检查重物的重量是否小于起重特性表上的相应幅度所对应的重量；根据使用说明书中高、低速挡所允许的相应起重量试吊重物，测试起重量限制器能否起作用。

3. 吊运操作

1）司机必须熟悉所操作的塔机的性能，并应严格按说明书的规定作业，不得斜拉斜拽重物、吊拔埋在地下或粘结在地面、设备上的重物及不明重量的重物。

2）塔机开始作业时，司机应首先发出音响信号，以提醒作业现场人员注意。

3）操纵室远离地面的塔机在正常指挥发生困难时，可设高空、地面两个指挥人员，或采用对讲机等有效的联系办法进行指挥。

4）塔机作业时，起重臂和重物下方严禁有人停留、工作或通行。重物吊运时，严禁从人上方通过。严禁用塔机载运人员。

5）重物的吊挂必须符合有关要求。

① 严禁用吊钩直接吊挂重物，必须用吊、索具吊挂重物。

② 起吊短碎物料时，必须用强度足够的网、袋包装，不得直接捆扎起吊。

③ 起吊细长物料时，物料至少必须捆扎两处，并且用两个吊点吊运；在整个吊运过程中应使物料处于水平状态。

④ 起吊的重物在整个吊运过程中不得摆动、旋转。不得吊运悬挂不稳的重物。吊运体积大的重物应拉溜绳。

⑤ 不得在起吊的重物上悬挂任何重物。

⑥ 操纵控制器时必须从零挡开始，逐级推到所需要的挡位。传动装置作反方向运动时，控制器先回零位，然后再逐挡逆向操作。禁止越挡操作和急开急停。

⑦ 吊运重物时不得猛起猛落，以防吊运过程中发生散落、松绑、偏斜等情况。起吊时必须先将重物吊起离地面 0.5m 左右停住，确定制动、物料捆扎、吊点和吊具无问题后方可继续操作。在起升过程中，当吊钩滑轮组接近起重臂 5m 时，应用低速起升，严防与起重臂顶撞。

⑧ 应掌握所操作的起重机的各种安全保护装置的结构、工作原理及维护方法，发生故障时必须立即排除。不得操作安全装置失效、缺少或不准确的塔机作业。

⑨ 塔机的小车变幅和动臂变幅限制器、行走限位器、力矩限制器、吊钩高度限制器及各种行程限位开关等安全保护装置必须齐全完整、灵敏可靠，不得随意调整和拆除。严禁用限位装置代替操纵机构。

⑩ 吊钩要位于被吊物重心的正上方（吊钩的吊点应与吊重重心在同一铅垂线上，使吊重处于稳定平衡状态），不准斜拉吊钩硬挂，防止提升后吊物翻转、摆动。起吊时起降平稳，操作尽量避免急刹车或冲击。严禁超载。当起吊满载或接近满载时，严禁同时做两个动作，左右回转范围不应超过 90°。

⑪ 司机在操作时必须集中精力，当安全装置显示或报警时，必须按使用说明书中有关规定操作。

4. 每班作业后的要求

1）凡是回转机构带有止动装置或常闭式制动器的塔机，在停止作业后司机必须松开制动器，保证起重臂能随风转动。

2）动臂式塔机将起重臂放到最大幅度位置，小车变幅塔机把小车开到说明书中规定的位置，并且将吊钩起升到最高点，吊钩上严禁吊挂重物。

3）把各控制器拉到零位，切断总电源，收好工具，关好所有门窗并加锁，夜间打开红色障碍指示灯。

4）凡是在底架以上无栏杆的各个部位做检查、维修、保养、加油等工作时必须系安全带。

5）填好当班履历书及各种记录。

5. 操作塔机的相关注意事项

1）严禁采用自由下降的方法下降吊钩或重物。当重物下降至距就位点约 1m 处时，必须采用慢速就位。

2）作业中平移起吊重物时，重物高出其所跨越障碍物的高度不得小于1m。

3）作业中，临时停歇或停电时，必须将重物卸下，升起吊钩，将各操作手柄（钮）置于零位。如因停电无法升降重物，则应根据现场与具体情况进行研究，采取适当的措施。

4）塔机在作业中严禁对传动部分、运动部分及运动件所及区域做维修、保养、调整等工作。

5）作业中遇有下列情况应停止作业：

① 恶劣天气，如大雨、大雪、大雾，或超过允许工作风力，影响安全作业等情况。

② 塔机出现漏电现象。

③ 钢丝绳磨损严重、扭曲、断股、打结或出槽。

④ 安全保护装置失效。

⑤ 各传动机构出现异常现象和有异响。

⑥ 金属结构部分发生变形。

⑦ 塔机发生其他妨碍作业及影响安全的故障。

6）遇有六级以上大风或大雨、大雪、大雾等恶劣天气时，应停止塔机露天作业。在雨雪过后或雨雪中作业时，应先经过试吊，确认制动器灵敏、可靠后方可进行作业。

7）钢丝绳在卷筒上的缠绕必须整齐，有下列情况时不允许作业：

① 爬绳、乱绳、啃绳。

② 多层缠绕时，各层间的绳索互相塞挤。

8）禁止在塔机各个部位乱放工具、零件或杂物，严禁从塔机上向下抛扔物品。

9）司机必须专心操作，作业中不得离开驾驶室；起重机运转时司机不得离开操作位置。

10）塔机作业时禁止无关人员上下塔机，驾驶室内不得放置易燃和妨碍操作的物品，防止触电和发生火灾。

11）司机室的玻璃应平整、清洁，不得影响司机的视线。

12）夜间作业时应该有足够照度的照明。

13）对于无中央集电环及起升机构不安装在回转部分的起重机，回转作业必须严格按使用说明书的规定操作。

14）塔机遭到风速超过25m/s的暴风（相当于9级风）袭击，或经过中等烈度地震后，必须进行全面检查，经主管技术部门认可后方可投入使用。

15）塔机司机和指挥必须遵守的“十不吊”：

① 起重臂和吊起的重物下面有人停留或行走不准吊。

② 起重指挥应由技术培训合格的专职人员担任，无指挥或信号不清不准吊。

③ 钢筋、型钢、管材等细长物料和多根物件必须捆扎牢靠，多点起吊。单头“千斤”或捆扎不牢靠不准吊。

④ 多孔板、积灰斗、手推翻斗车不用四点吊或大模板外挂板不用卸甲不准吊。预制钢筋混凝土楼板不准双拼吊。

⑤ 吊砌块必须使用安全可靠的砌块夹具，吊砖必须使用砖笼，并堆放整齐。木砖、预埋件等零星物件要用盛器堆放稳妥，叠放不齐不准吊。

⑥ 楼板、大梁等吊物上站人不准吊。

⑦ 埋入地面的板桩、井点管等以及粘连、附着的物件不准吊。

⑧ 多机作业，应保证所吊重物距离不小于3m。在同一轨道上多机作业，无安全措施不准吊。

⑨ 六级以上强风区不准吊。

⑩ 斜拉重物或超过机械允许荷载不准吊。

6. 塔机的运行环境和特殊作业

（1）运行环境

1）司机必须对工作现场周围环境、施工现场安全通道、塔机的吊运（行驶）路线、架空电线、邻近建（构）筑物等情况进行全面了解。

2）周围有建筑物的场所，应注意塔机的尾部与建筑物及建筑物外围施工设施之间的距离不小于0.6m。

3）有架空输电线的场所，应避免塔机结构进入输电线的危险近程。塔机任何部位与架空输电线的安全距离应符合表1-2-3的规定。

表1-2-3 塔机与输电线的安全距离（m）

位 置	电压				
	＜1kV	1～15kV	20～40kV	60～110kV	220kV
沿垂直方向	1.5	3	4	5	6
沿水平方向	1	1.5	2	4	6

（2）多塔机作业场所的安全要求

1）两台塔机之间应保证处于低位的塔机的臂架端与另一台塔机的塔身至少有2m的距离；处于高位塔机的最低位置的部件（吊钩升至最高点或平衡重的最低部位）与低位塔机中处于最高位置的部件之间的垂直距离不应小于2m。

2）施工现场应有多机作业的安全技术方案，通过组织措施和技术措施防止发生碰撞事故。塔机司机应该遵守以下几点操作要求：

① 低塔让高塔。塔身高度较低的塔机在转臂前应观察塔身高度较高的塔机的运行情况后再运行。

② 后塔让先塔。在两塔机塔臂交叉区域内运行时，后进入该区域的塔机要避让先进入该区域的塔机。

③ 动塔让静塔。在两塔机塔臂交叉、遇有运行时，在一塔机无回转、变幅等动作时，另一进行回转或变幅的塔机应对其进行避让。

④ 轻车让重车。在两塔机同时运行时，无荷载塔机应避让有荷载塔机。

（3）多机抬吊作业必须遵守的规定

1）司机和指挥人员不得擅自采用多机抬吊作业。

2）确实需要多机抬吊作业的，应由管理部门提出可行性分析及抬吊报告，报告包括如下内容：

① 作业项目和内容。

② 抬吊的吊次。

③ 抬吊时各台起重机的最大起吊重量、起吊幅度。

④ 各台起重机的协调动作方案和指挥。

⑤ 详细的指挥方案。

⑥ 安全措施。

⑦ 作业项目和使用部门负责人签字。

3）设备主管部门和主管技术负责人对报告进行审查后签署意见并签字。

4）每台抬吊的塔机所承担的荷载不得超过其本身额定荷载的80%。

5）必须选派有经验的司机和指挥人员作业，并有详细的书面操作程序。

7.《广东省建筑施工安全管理资料统一用表》中的要求

为进一步规范建筑施工安全管理，提高广东省建筑施工安全资料的规范化、标准化程度，广东省住房和城乡建设厅统一编制了《广东省建筑施工安全管理资料统一用表》，其中就塔式起重机的运行、操作等提供了一系列标准表格与规程供用户使用，见表1-2-4～表1-2-8。

表1-2-4　《广东省建筑施工安全管理资料统一用表》中关于塔式起重机的部分表格

表格名称	表格编号
建筑起重机械运行记录	GDAQ20613-1
塔式起重机安全操作规程	GDAQ340201
塔式起重机操作安全技术交底	GDAQ330603
塔式起重机定期自检表	GDAQ209010902
塔式起重机司机安全操作规程	GDAQ340119

表1-2-5　建筑起重机械运行记录

GDAQ20613-1 □

第　　页

年	运　　行	故　　障	维　　修	司机（签名）
月　日 时　分起 时　分止	作业前试验：			
	安全装置、电气线路检查：			
	作业情况：			

续表

年	运　行	故　障	维　修	司机（签名）
月　日 时　分起 时　分止	作业前试验：			
	安全装置、电气线路检查：			
	作业情况：			
月　日 时　分起 时　分止	作业前试验：			
	安全装置、电气线路检查：			
	作业情况：			

表 1-2-6　塔式起重机安全操作规程

GDAQ340201 ☐

塔式起重机安全操作规程
一、作业人员必须经省级建设行政主管部门考核合格，取得建筑施工特种作业人员操作证书方可上岗。 二、塔式起重机（以下简称“塔机”）的轨道基础或混凝土基础必须经过设计验算，验收合格后方可使用，基础周围应修筑边坡和排水设施，并与基坑保持一定安全距离。 三、塔机基础土壤承载能力必须严格按原厂使用规定或符合相关标准规定。 四、塔机的拆装必须由取得建设行政主管部门颁发的拆装资质证书的专业队进行，拆装时应有技术和安全人员在场监护。 五、拆装人员应穿戴安全保护用品，高处作业时应系好安全带，熟悉并认真执行拆装工艺和操作规程。 六、风力达到四级以上时不得进行顶升、安装、拆卸作业。顶升前必须检查液压顶升系统各部件连接情况。顶升时严禁回转臂杆和其他作业。 七、塔机安装后，应进行整机技术检验和调整，经分阶段及整机检验合格后，方可交付使用。在无荷载情况下，塔身与地面的垂直度偏差不得超过4/1000。塔机的电动机和液压装置部分应按电动机和液压装置的有关规定执行。

续表

塔式起重机安全操作规程
八、塔机的金属结构、轨道及所有电气设备的金属外壳应有可靠的接地装置，接地电阻不应大于4Ω，并应设立避雷装置。 九、每道附着装置的撑杆布置方式、相互间隔和附墙距离应按原厂规定；超出使用说明书规定，另行制作的撑杆应有设计计算书。 十、塔机不得靠近架空输电线路作业，如限于现场条件必须在线路旁作业时，必须采取安全保护措施。塔机与架空输电线的安全距离应符合《塔式起重机安全规程》(GB 5144—2006）的规定。 十一、塔机作业时应有足够的工作场地，塔机起重臂杆起落及回转半径内无障碍物。 十二、塔机作业前必须对工作现场周围环境、行驶道路、架空电线、建筑物以及构件重量和分布等情况进行全面了解。 十三、在进行塔机回转、变幅、行走和吊钩升降等动作前，司机应鸣笛示意。检查电源电压应达到380V，其变动范围不得超过＋20～－10V，送电前启动控制开关应在零位，接通电源，检查金属结构部分无漏电方可上机。 十四、指挥人员作业时应与司机密切配合。司机作业时应严格执行指挥人员的信号，如信号不清或错误时，司机应拒绝执行。 十五、操纵室远离地面的塔机在正常指挥发生困难时，可设高空、地面两个指挥人员，或采用对讲机等有效联系办法进行指挥。 十六、塔机的小车变幅和动臂变幅限制器、行走限位器、力矩限制器、吊钩高度限制器及各种行程限位开关等安全保护装置必须齐全完整、灵敏可靠，不得随意调整和拆除。严禁用限位装置代替操纵机构。 十七、塔机作业时，起重臂和重物下方严禁有人停留、工作或通过。重物吊运时，严禁从人上方通过。严禁用塔机载运人员。 十八、塔机必须按规定的塔机起重性能作业，不得超荷载和起吊不明重量的物件。在特殊情况下超荷载使用时，必须经过验算，有保证安全的技术防护措施，经企业技术负责人批准，有专人在现场监护，方可起吊，但不得超过限载的10%。 十九、严禁起吊重物长时间悬挂在空中。作业中遇突发故障，应采取措施将重物降落到安全的地方，并关闭电动机或切断电源后进行检修。在突然停电时，应立即把所有控制器拨到零位，断开电源总开关，并采取措施将重物安全降到地面。 二十、严禁使用塔机进行斜拉、斜吊和起吊地下埋设或凝结在地面上的重物。现场浇筑的混凝土构件或模板，必须全部松动后方可起吊。 二十一、起吊重物时应绑扎平稳、牢固，不得在重物上堆放或悬挂零星物件。零星材料和物件必须用吊笼或钢丝绳绑扎牢固后方可起吊。标有绑扎位置或记号的物件应按标明位置绑扎。绑扎钢丝绳与物件的夹角不得小于30°。 二十二、遇有六级以上大风或大雨、大雪、大雾等恶劣天气时，应停止塔机露天作业。在雨雪过后或雨雪中作业时，应先经过试吊，确认制动器灵敏可靠后方可进行作业。 二十三、在起吊荷载达到塔机额定起重量的90%及以上时，应先将重物吊起至离地面20～50cm后停止提升，进行下列检查：起重机的稳定性、制动器的可靠性、重物的平稳性、绑扎的牢固性。确认无误后方可继续起吊。对于有可能晃动的重物，必须拴拉绳。 二十四、重物提升和降落速度要均匀，严禁忽快忽慢和突然制动。左右回转动作要平稳，当回转未停稳前不得作反向动作。非重力下降式塔机严禁带载自由下降。 二十五、塔机吊钩装置顶部至小车架下端最小距离：上回转式2倍率时为1000mm，4倍率时为700mm；下回转式2倍率时为800mm，4倍率时为400mm。此时应能立即停止起吊。 二十六、作业中，司机临时离开操作室时必须切断电源，锁紧夹轨器。作业完毕后，塔机应停放在轨道中间位置，起重臂应转到顺风方向，并松开回转制动器，小车及平衡重应置于非工作状态，吊钩宜升到离起重臂底端2～3m处。

表 1-2-7　塔式起重机操作安全技术交底

GDAQ330603 ☐

施工单位：

工程名称		分部分项工程		工种	

一、起重吊装的指挥人员必须持证上岗，作业时应与操作人员密切配合，执行规定的指挥信号。操作人员应按照指挥人员的信号进行作业，当信号不清或错误时操作人员可拒绝执行。

二、启动前重点检查项目应符合下列要求：

（一）金属结构和工作机构的外观情况正常；

（二）各安全装置和各指示仪表齐全完好；

（三）各齿轮箱、液压油箱的油位符合规定；

（四）主要部位连接螺栓无松动；

（五）钢丝绳磨损情况及各滑轮穿绕符合规定；

（六）供电电缆无破损。

三、送电前，各控制器手柄应在零位。当接通电源时，应采用试电笔检查金属结构部分，确认无漏电后方可上机。

四、作业前应进行空载运转，试验各工作机构是否正常，有无噪声及异响，各机构的制动器及安全防护装置是否有效，确认正常后方可作业。

五、起吊重物时，重物和吊具的总重量不得超过起重机相应幅度下规定的起重量。

六、应根据起吊重物和现场情况选择适当的工作速度。操纵各控制器时应从停止点（零点）开始，依次逐级增加速度，严禁越挡操作。在变换运转方向时，应将控制器手柄扳到零位，待电动机停转后再转向另一方向。不得直接变换运转方向、突然变速或制动。

七、在吊钩提升、起重小车或行走大车运行到限位装置前，均应减速缓行到停止位置，并应与限位装置保持一定距离（吊钩不得小于 1m，行走轮不得小于 2m）。严禁以限位装置作为停止运行的控制开关。

八、动臂式起重机的起升、回转、行走可同时进行，变幅应单独进行。每次变幅后应对变幅部位进行检查，允许带载变幅的，当荷载达到额定重量的 90%及以上时严禁变幅。

九、提升重物时严禁自由下降。重物就位时，可采用慢就位机构或利用制动器使之缓慢下降。

十、提升重物作水平移动时，应高出其跨越的障碍物 0.5m 以上。

十一、对于无中央集电环及起升机构不安装在回转部分的起重机，在作业时不得顺一个方向连续回转。

十二、装有上、下两套操纵系统的起重机，不得上、下同时使用。

十三、作业中，当停电或电压下降时，应立即将控制器扳到零位，并切断电源。如吊钩上挂有重物，应稍松稍紧反复使用制动器，使重物缓慢地下降到安全地带。

十四、采用涡流制动调速系统的起重机，不得长时间使用低速挡或慢就位速度作业。

十五、作业中如遇六级及以上大风或阵风，应立即停止作业，锁紧夹轨器，将回转机构的制动器完全松开，使起重臂能随风转动。对轻型俯仰变幅起重机，应将起重臂落下并与塔身结构锁紧在一起。

十六、作业中，操作人员临时离开操纵室，必须切断电源，锁紧夹轨器。

十七、起重机的变幅指示器、力矩限制器、起重量限制器及各种行程限位开关等安全保护装置应完成齐全、灵敏可靠，不得随意调整或拆除。严禁以限制器和限位装置代替操纵机构。

十八、起重机作业时，起重臂和重物下方严禁有人停留、工作或通过。重物吊运时，严禁从人上方通过。严禁用起重机载运人员。

十九、严禁使用起重机进行斜拉、斜吊和起吊地下埋设或凝固在地面上的重物及其他不明重量的物体。现场浇筑的混凝土构件或模板，必须全部松动后方可起吊。

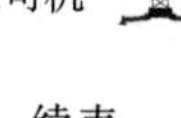

续表

二十、严禁起吊重物长时间悬停在空中。作业中遇突发故障，应采取措施将重物降落到安全的地方，并关闭发动机或切断电源后进行检修。在突然停电时，应立即把所有控制器拨到零位，断开电源总开关，并采取措施使重物降到地面。

二十一、操纵室远离地面的起重机，在正常指挥发生困难时，地面及作业层（高空）的指挥人员均采用对讲机等有效的通信联络进行指挥。

二十二、作业完毕后，起重机应停放在轨道中间位置，起重臂应转到顺风方向，并松开回转制动器，小车及平衡重应置于非工作状态，吊钩直升到离起重臂顶端 2～3m 处。

二十三、停机时，应将每个控制器拨回零位，依次断开各开关，关闭操纵室门窗，断开电源总开关，打开高空指示灯。

二十四、检修人员上塔身、起重臂、平衡臂等高空部位检查或修理时，必须系好安全带。

二十五、现场补充交底内容：

交底人签字：

日　　　期：

接受人（全员）签字：

注：本交底一式三份，班组、交底人、资料保管员各一份。

表 1-2-8　塔式起重机定期自检表

GDAQ209010902 [ ]

使用单位			
备案编号		规格型号	
出厂编号		自编号	
安装位置		上次自检日期	

序号	项　目	检查内容	检查结果	结　论
一	资料	使用相关资料		
		使用登记牌有效期		
二	作业环境及外观	起重机与建筑物等之间的安全距离		
		起重机之间的最小架设距离		
		起重机与输电线的安全距离		
		危险部位安全标志		
		红色障碍灯		
三	金属结构	金属结构状况		
		金属结构连接（螺栓、销轴、焊缝）		
		平衡重、压重的安装数量与位置		
		塔身轴心线对支承面的侧向垂直度		
		斜梯及其护圈的尺寸与固定		
		直立梯及其护圈的尺寸与固定		
		休息小平台、走台		
		附着装置的布置与连接状况		
四	司机室	司机室固定、位置及室内设施		
		司机室视野及结构安全性		
		司机室门的开向及锁定装置		
		司机室内的操纵装置及相关标牌、标志		
五	基础与轨道	基础或路基排水		
		轨道固定状况： a. 转道顶面纵、横向上的倾斜度； b. 轨距误差； c. 钢轨接头间隙，两轨顶高度差		
		支腿工作起重机的工作场地		
六	主要零部件与机构	吊钩缺陷及危险断面磨损		
		吊钩开口度增加量		
		钢丝绳选用、安装状况及绳端固定		
		钢丝绳安全圈数		
		钢丝绳润滑与干涉		
		钢丝绳缺陷		

续表

序号	项　　目	检 查 内 容	检 查 结 果	结　　论
六	主要零部件与机构	钢丝绳直径磨损		
		钢丝绳断丝数		
		滑轮缺陷		
		滑轮防脱槽装置		
		制动器零部件缺陷		
		制动轮与摩擦片、制动轮缺陷		
		制动器调整		
		减速器连接与固定		
		减速器工作状况		
		开式齿轮啮合与缺损		
		车轮缺陷		
		联轴器及其工作状况		
		卷筒缺陷		
七	电气	电气设备及电器元件		
		线路绝缘电阻		
		外部供电线路总电源开关		
		电气隔离装置		
		总电源回路的短路保护		
		失压保护、零位保护、过流保护、断错相保护、紧急断电开关		
		便携式控制装置		
		仪表、照明、信号、报警系统		
		电气设备、金属结构的接地		
		防雷		
八	安全装置有效性与防护措施	起重量限制器		
		力矩限制器		
		高度限位器、变幅限位器、回转限位器		
		顶升防脱装置		
		防后翻装置		
		小车断绳双向保护装置		
		风速仪		
		防风装置		
		缓冲器和端部止挡		
		扫轨板		
		防护罩和防雨罩		
		防脱轨装置		

续表

序号	项目	检查内容	检查结果	结论
九	液压	防止过载和液压冲击的安全装置		
		液压缸的平衡阀及液压锁		
十	试验	空载试验		
		额定荷载试验		
十一	其他			
自检结论				
检查人员（签名）	项目技术负责人（签名）： 专职安全员（签名）：	专职设备管理人员（签名）： 其他人员（签名）： （项目章） 年　月　日		

注：本表由使用单位填写，定期检查每月不少于一次。

1.2.2 起重吊运指挥信号

我国为确保起重吊运安全，防止发生事故，适应科学管理的需要，特制定了国家标准《起重机　手势信号》（GB/T 5082—2019）。

塔式起重机司机必须对以上标准中列明的指挥信号手势熟练掌握，以便满足日常工作的要求。标准中所列明的信号手势详见本书岗位 2 任务 2.3。

值得注意的是，随着对讲机的普及，建筑工地现在多使用无线电对讲机对塔式起重机作业进行指挥。作为塔式起重机司机及指挥人员应该明确，使用对讲机发出的任何指令均以塔机司机所处位置为基准，防止方向误判引发安全事故。

任务 1.3　塔式起重机常见故障及应急处理

1.3.1 塔式起重机的常见故障

起重机应当经常进行检查、维护和保养，传动部分应有足够的润滑油，对易损件必须经常检查、维修或更换，对机械螺栓特别是经常振动的零件如塔身连接螺栓应检查是否松动，如有松动则必须及时拧紧或更换。

1. 三大机构的维修和保养

1）各机构的制动器应经常检查和调整制动瓦和制动轮的间隙（方法见下文），保证灵活、可靠，其间隙保证在 0.5mm 之间。在摩擦面上不应有污物存在，遇有污物必须用汽油或稀料洗掉。

2）检查减速箱、变速箱、外啮合齿轮等部分的润滑及液压油油量和油质是否符合要求。

3）检查钢丝绳在卷筒上排列是否整齐，各部分钢丝绳有无断丝和松股现象。如超过有关规定，必须立即换新。检查起升机构排绳轮是否运转正常，如排绳轮磨损严重，则须更换。检查卷筒及排绳轮上护绳装置是否上好，如有松脱必须整改。

4）检查各机构运转是否正常、有无噪声，如发现故障必须及时排除。

5）检查各限位装置是否正常起作用，对于限位装置转动不正常的，应重新安装调整。

2. 液压爬升系统的维护和保养

1）使用液压油严格按润滑表中的规定进行加油和换油，并清洗油箱内部。

2）溢流阀的压力调整后不得随意变动，每次进行爬升之前应用油表检查其压力是否正常。

3）应经常检查各部分管接头是否紧固严密，不准有漏油现象。

4）滤油器要经常检查有无堵塞，检查安全阀在使用后调整值是否变动。

5）油泵、油缸和控制阀如发现渗漏应及时检修。

6）组装和大修初次启动油泵时，应检查入口和出口是否接反，转动方向是否正确，吸油管是否漏气，然后用手试转，最后在规定转速内启动和试运转。

7）在冬季启动时，要开开停停往复数次，待油温上升和控制阀动作灵活后再正式使用。

3. 金属结构的维护和保养

1）在运输过程中应尽量设法防止构件变形及碰撞损坏。

2）在使用期间必须定期检修和保养，以防锈蚀。

3）经常检查结构连接螺栓、销轴、焊缝及构件是否存在损坏、变形和松动等情况。

4）每隔1～2年喷刷油漆一遍。

4. 电气系统的维护和保养

1）经常检查所有电线电缆有无损伤，发现有损伤的部分要及时包扎和更换。

2）遇到电动机过热现象要及时刹车，排除故障后再继续运行。电动机润滑要良好。

3）电动机滑环部位的电刷，其接触碳要保持清洁；调整电刷压力，使其接触面不少于50%。

4）各控制箱、配电箱等要经常保持清洁，及时清扫电气设备上的灰尘。

5）各安全装置的开关触点开闭必须可靠，触点弧坑要及时磨光。

6）每年摇测保护接地电阻两次（春、秋），保证不大于4Ω。

5. 其他部位

1）检查各部件的连接情况，如有松动应予拧紧。塔身连接螺栓应在塔身受压时检查松紧度（要采用旋转臂架的方法造成主弦杆受压状态）。所有的连接销都必须装有开口销，并张开。

2）吊钩及各部分滑轮、导绳轮等应转动灵活，无卡塞现象。防止钢丝绳从滑轮或卷筒内跳出的防跳绳装置应完好。各部分钢丝绳应完好，固定端应牢固可靠，绳尾放气装置转动应顺畅。

6. 制动器制动瓦间隙调整方法

（1）短行程制动器的调整

1）调整制动力矩是通过调整主弹簧的工作长度来实现的。调整方法是：用扳手把住螺杆方头，用另一扳手转动主弹簧固定螺母（图 1-3-1）。弹簧可伸长或压缩，制动力矩随之减小或增大。调整完毕后，再用另外的螺母锁紧螺杆及主弹簧调整螺母，以防止松动，保证制动力矩不变化。

2）调整工作行程是通过调整电磁铁的冲程来实现的。调整的方法是：用一扳手把住锁紧螺母，用另一扳手转动弹簧推杆方头（图 1-3-2），使推杆前进或后退，前进时冲程增大，后退时冲程减小，直至获得允许的冲程。电磁铁冲程允许值见表 1-3-1。

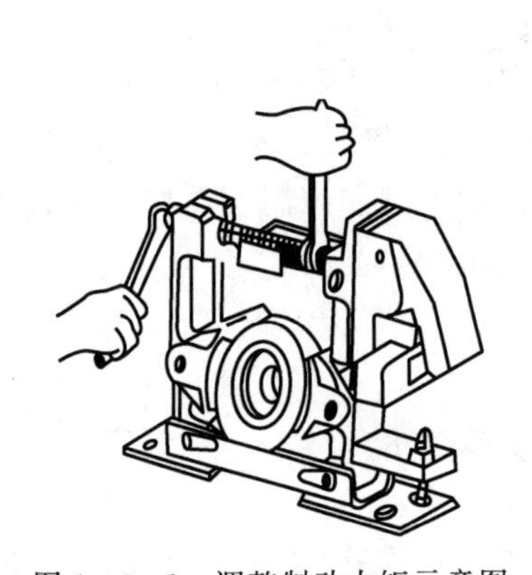

图 1-3-1　调整制动力矩示意图

图 1-3-2　调整电磁铁冲程示意图

表 1-3-1　电磁铁允许冲程

电磁铁型号	MZD_1-100	MZD_1-200	MZD_1-300
冲程（mm）	3	3.8	4.4

3）调整两制动块与制动轮的间隙，使两侧间隙均匀。调整方法是：推动电磁铁衔铁与铁心合并到一起，使制动瓦块自然松开，调整间隙调整螺母，使两侧间隙均匀（图 1-3-3，见下页）。

短行程制动器制动瓦块与制动轮允许间隙见表 1-3-2。

表 1-3-2　短行程制动器制动瓦块与制动轮允许间隙（单侧）（mm）

制动轮直径	100	200/100	200	300/200	300
允许间隙	0.6	0.6	0.8	1	1

(2) 长行程制动器的调整

1) 制动力矩是通过调整主弹簧的工作长度来实现的。调整方法与短行程制动器的调整方法大体相似，转动调整螺母，使主弹簧伸缩，获得必要的制动力矩。调整完毕后，应用锁紧螺母将调整螺母锁紧，以防松动。

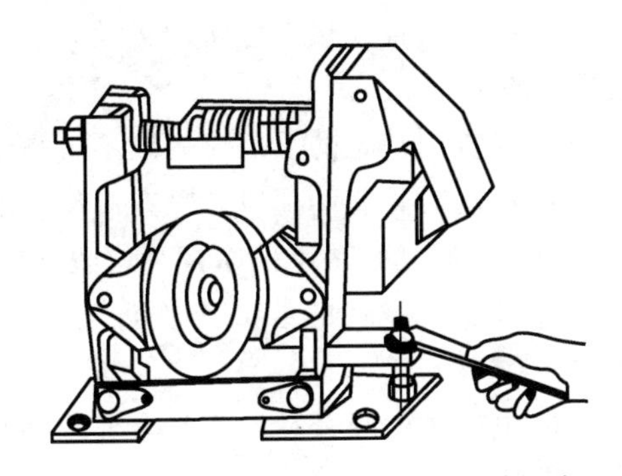

图 1-3-3　调整制动瓦与制动轮间隙

2) 驱动装置的工作行程调整也用调整弹簧推杆冲程的方法来完成。调整方法是：松开推杆上的锁紧螺母，转动推杆和拉杆，即可调整推杆冲程。制动瓦衬未磨损前应留有 20～30mm 的冲程。

3) 调整制动间隙的方法是：拉起螺杆，使制动瓦块与制动轮间形成最大的间隙，调整旋动螺栓，使制动瓦块与制动轮之间的间隙在表 1-3-3 规定的范围内，且使两侧相等。

表 1-3-3　长行程制动瓦块与制动轮之间的允许间隙（单侧）（mm）

制动轮直径	200	300	400	500	600
允许间隙	0.7	0.7	0.8	0.8	0.8

(3) 液压推杆瓦块式制动器的调整

1) 制动力矩即主弹簧工作长度的调整与前述调整方法相同。

2) 调整推杆工作行程。要求是：在保证制动瓦块最小的退距前提下，液压推杆的行程越小越好。

调整的方法是：松开推杆的锁紧螺母，转动推杆，使液压推杆的行程符合技术要求，然后锁紧推杆上的螺母，以防松动。

3) 调整制动瓦块与制动轮间的间隙。用手抬起液压推杆到最高位置，松开自动补偿器的锁紧螺母，旋动调整螺栓，使制动瓦块与制动轮间的间隙符合要求。

(4) 液压电磁铁瓦块式制动器的调整

1) 制动力矩的调整也是通过调整主弹簧工作长度来实现的。调整方法与相应制动器架主弹簧的调整方法相同。

2) 调整放松制动的补偿行程。调整方法是：松开锁紧螺母，转动斜拉杆，使补偿行程的数值符合要求，然后将锁紧螺母旋紧。

3) 制动瓦块与制动轮间的间隙调整方法与液压推杆瓦块式制动器相同。

(5) 制动器的检修和维护

经常检查和保养制动器是一项非常重要的工作。起重机起升机构的制动器在每个工作班开始工作前均应进行检查。

1) 检修时的注意事项。

① 注意检查制动电磁铁的固定螺栓是否松动脱落，检查制动电磁铁是否有剩磁现象。

② 制动器各铰接点应转动灵活，无卡滞现象，杠杆传动系统的空行程不应超过有效行程的10%。

③ 检查制动轮的温度，一般不得高于环境温度120℃。

④ 制动时，制动瓦应紧贴在制动轮上，且接触面不小于理论接触面积的70%；松开制动时，制动瓦块上的摩擦片应脱开制动轮，两侧间隙应均等。

⑤ 液压电磁铁的线圈工作温度不得超过105℃；液压推动器在通电后的油位应适当。

⑥ 电磁铁的吸合冲程不符合要求而导致制动器松不开制动时，必须立即调整电磁铁的冲程。

2）制动器的保养。

① 制动器的各铰接点应根据工况定期进行润滑，至少每隔一周润滑一次，在高温环境下工作的每隔三天润滑一次，润滑时不得把润滑油沾到摩擦片或制动轮的摩擦面上。

② 及时清除制动摩擦片与制动轮之间的尘垢。

③ 液压电磁推杆制动器的驱动装置中的油液每半年更换一次。如发现油内有机械杂质，应将该装置全部拆开，用汽油把零件洗净，再进行装配。密封圈装配前应先用清洁的油液浸润一下，以保证安装后的密封性能。在清洗时，线圈不允许用汽油清洗。

7. 塔式起重机的常见故障及排除方法

塔式起重机常见故障及排除方法见表1-3-4。

表1-3-4　塔式起重机的常见故障及排除方法

部位	故　　障	故障产生的可能原因	排除方法
钢丝绳	1. 磨损太快 2. 跳出滑轮槽	1. 滑轮、导向滚轮不转或磨成深槽 2. 滑轮槽与钢丝绳直径不符 3. 滑轮偏斜或位移	1. 修复或更换 2. 换用合格的钢丝绳 3. 调整滑轮位置
开式齿轮	1. 工作时噪声及磨损不一致 2. 轮幅或轮齿上有裂纹	1. 齿面磨损侧隙过大 2. 中心距过大或过小 3. 冲击荷载过大	1. 修理或更换 2. 重新调整中心距
滚动轴承	1. 过度发热 2. 工作时噪声过大	1. 润滑油不足或种类不符合要求 2. 轴承中有油污或安装不正确；轴承元件有损坏	1. 清洗检查，换新的合乎规定的润滑油 2. 清洗重装或更换轴承
滑动轴承	1. 过热 2. 轴承磨损严重	1. 轴承装得过紧或偏斜 2. 油中有杂质或缺油	1. 重新安装 2. 更换新油
滑轮	1. 轮槽磨损不均 2. 滑轮左右松动及倾斜	1. 滑轮受力不均或滑轮质量不均匀 2. 轴上定位件松动 3. 轴承安装太紧或无润滑油	1. 更换新滑轮 2. 紧固滑轮上的定位件 3. 调整轴承，添加润滑油

续表

部位	故障	故障产生的可能原因	排除方法
吊钩	尾部产生疲劳裂缝，危险断面磨损严重，超过10%	材料质量不均匀，超过使用期	发现这种情况应立即更换吊钩
卷筒	1. 卷筒壁存在裂纹 2. 壁厚磨损超过10% 3. 键磨损或松动	1. 卷筒材料不均匀，使用中有过大的冲击荷载 2. 使用时间过长 3. 装配不符合要求	1. 更换新卷筒，正确操纵起升机构 2. 更换新卷筒 3. 换键重装
减速器	1. 减速器噪声大、发热 2. 减速器振动 3. 漏油	1. 润滑油过多或过少 2. 轴承安装不当或损坏 3. 齿轮啮合不良 4. 联轴节安装不正确，两轴不同心 5. 固定或连接螺栓松动	1. 修理调整，添加或减少润滑油 2. 重新校对中心距 3. 调整啮合间隙及轴平行度 4. 换油封，修磨轴颈 5. 重新调整安装位置，紧固螺栓
蜗轮箱	极限力矩联轴节失效	1. 弹簧张力过小或过大 2. 弹簧折断	1. 按摩擦力矩1450kN·m调整 2. 更换
制动器	1. 制动器失灵 2. 制动瓦发热冒烟	1. 制动间隙过大 2. 制动片沾染油污 3. 制动带严重磨损 4. 弹簧松弛 5. 电磁制动器行程过小	1. 调整制动间隙 2. 清洗油污 3. 更换衬带 4. 调节弹簧 5. 调整电磁制动器行程
涡流制动	涡流制动器噪声大	1. 内部轴承润滑不良或损坏 2. 支座安装不正确	1. 润滑或更换 2. 用垫片调整
回转作业	回转作业时支座跳动或晃动及有异响	1. 小齿轮与大齿轮啮合不良 2. 支承滚轮与滚道间隙过大 3. 缺少润滑脂	1. 检修或更换 2. 调整到规定间隙 3. 添加润滑脂
安全装置	工作失灵	1. 弹簧脱落或损坏 2. 行程开关损坏 3. 线路错接或短路	1. 修复或更换 2. 修复或更换 3. 检修
液力耦合器	1. 温升过高 2. 漏油	1. 机械故障引起工作荷载过重 2. 油液不洁，油量过多或过少 3. 油封失效 4. 轴颈磨损 5. 接合面不平或密封损坏	1. 检修 2. 更换新油或按规定油量增减 3. 更换油封 4. 修复轴颈 5. 修整平面或换垫片
行走机构	行走轮轮缘严重磨损	1. 轨距过大或过小 2. 行走轮轴轴承磨损，与轴的间隙过大	1. 重新调整轨距 2. 修补轴或更换轴承

续表

部位	故障	故障产生的可能原因	排除方法
电气部分	整机不动作或某些机构动作	1. 无电流或总空气开关跳闸 2. 总过流继电器跳开或某机构过流开关跳开 3. 行程开关被压，未复位 4. 部分手柄不在零位，故无法启动 5. 线路出现松脱现象 6. 有关部件损坏或失灵	1. 检查电流情况或使空气开关复原 2. 待过流继电器冷却后复位 3. 检查行程开关或向相反方向运动 4. 全部手柄回复零位 5. 重新紧固螺丝，使之接触良好 6. 检查、更换或调整
液压系统	液压泵吸空	1. 手动截止阀关闭 2. 滤清器堵塞或油的黏度过高	1. 打开手动截止阀 2. 清洗滤清器，更换合适的液压油
	液压油泡沫太多	1. 油箱油面过低 2. 油路系统吸入空气	1. 加油至规定高度 2. 排除空气
	液压系统没有压力或压力不足	1. 驱动液压泵的电动机接反 2. 液压泵的进出口接反 3. 换向阀磨损或定位不正确 4. 工作缸内部渗漏 5. 溢流阀失效	1. 改变电动机接线 2. 改变进出口接头 3. 修复或更换 4. 更换密封圈 5. 调整或拆检修复
	液压系统压力不稳	1. 液压油脏 2. 液压油中有空气 3. 液压元件磨损	1. 清洗滤清器，冲洗并换新油 2. 拧紧易漏接头，排出空气 3. 修复或更换
	液压泵、工作缸、各种阀过热	1. 液压系统压力过高 2. 液压油脏或供油不足 3. 液压油中有空气 4. 溢流阀压力不对 5. 液压泵磨损或损坏	1. 调整安全阀至规定值 2. 清洗滤清器，检查油的黏度 3. 拧紧易漏接头，排出空气 4. 按规定重新调整 5. 更换新件

1.3.2 塔式起重机的常见紧急情况应急处理

1. 制动器突然失灵

当吊重物处于空中时，如果制动器失灵，操作司机必须冷静，切不可惊慌失措（图 1-3-4）。首先发出报警信号，然后根据现场施工人员的分布位置和所吊重物的重量与体积，采取果断的处理措施。通常采取的措施是继续起升，将重物转到空旷的地方，用电动机控制使重物下降到无人的空旷处。

2. 起升钢丝绳意外卡住

钢丝绳卡阻（图 1-3-5）时的紧急处理措施：

1）立即停止作业，不能硬拉。

2）查明原因，检查钢丝绳能否复位，若较困难，通知专业人员解决。

3）检查钢丝绳、滑轮等有无损伤，达到报废标准则必须更换后方可使用。

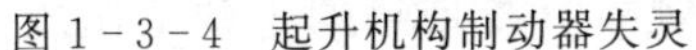
图 1－3－4　起升机构制动器失灵

图 1－3－5　钢丝绳卡阻

3. 吊装过程中遇到障碍物

吊装过程中遇到障碍物（图 1－3－6）时的紧急处理措施：

1）将起吊重物升起，重物高出其所跨越障碍物的高度不得小于 1m。

2）调整小车变幅或起升吊钩，避开障碍物。

3）停止向障碍物方向的回转动作，采取反向回转措施避开障碍物。

4. 吊重物处在空中时突然停电

这时应首先查明停电的原因，如果停电时间较长，则应采取措施使重物下降到地面。通常可以用扳手逐渐松开制动瓦，使重物慢慢下降（图 1－3－7）。

图 1－3－6　吊装过程中遇到障碍物

图 1－3－7　吊重物处在空中时突然停电

任务1.4　塔式起重机的基本维护保养

机械设备在长时间的使用过程中，由于机件的运动摩擦、磨损及自然腐蚀，润滑油的减少及变质、紧固件的松动等均会导致机械设备的动力性下降及安全可靠性降低，甚至会出现突发性的机械损坏事故。针对这种现象，在机器零件未达到极限磨损程度或发生故障之前，应采取相应的预防性措施，确保机械设备的正常工作，及时消除隐患，延长设备的使用寿命。

塔机长期处于露天环境，经受风吹日晒雨淋，受沙土、粉尘、锈蚀等影响，加上各工作机构的润滑油或油脂会在运转过程中自然损耗和流失，如果不进行有效的维护保养，很难使塔机能长时间保持在良好的工作状态，难以具备持续的正常工作能力。因此，遵守《塔式起重机操作使用规程》（JG/T 100—1999）、《建筑机械使用安全技术规程》（JGJ 33—2012）等技术标准规程，对塔机进行有效的保养是塔机使用管理中一项相当重要的工作。定期保养的作业内容主要是“清洁、坚固、调整、润滑、防腐”，通常称作“十字作业方针”。

塔机的具体保养内容应按照塔机使用说明书的要求，此处介绍一些常规性的保养内容供参考。

1.4.1　例行保养

例行保养又称为日保。塔机作业中，司机除了对临时出现的故障进行排除和修理外，每天必须在工作前后停机，对机械认真地做一次例行检查、保养，并按使用说明书规定的部位、周期和润滑剂做好润滑，清除机身及各传动机构的灰尘、油污，按规定认真做好交接班手续和运行保养记录。

例行保养的内容：

1）检查电器。合上电源开关，检查各接触器及控制电路各元件，要求接触应可靠，操作系统应灵活准确；观察电压表值，不应超过额定值±5%，否则应检查并排除故障，如查看电缆有无损伤及导线裸露现象。

2）检查电动机。分别检查各机构的电动机，包括与其相连的变速箱、制动器、联轴器、安全罩，要求制动可靠，响声正常，绝缘良好，无变色过热现象，各安装螺栓无松动，并清洁机体。

3）检查齿轮箱。各齿轮箱油量不足或变质时，应按润滑表规定的周期加注润滑油或润滑脂。

4）检查钢丝绳、滑轮、吊钩。钢丝绳的磨损及断股等损伤均在规定的使用范围之内，卷筒上钢丝绳排列整齐，各绳头紧固可靠，滑轮转动灵活不脱槽，吊钩及防脱钩装置完好。

5）检查连接件及附着装置可靠性。钢结构的主要焊缝不应有裂纹和开焊，连接螺栓、销子应连接稳妥，备销齐全。

6）检查安全装置。起重量、力矩、变幅、高度、行走等安全限位装置应灵敏可靠，发现问题及时修复。

7）试运转。试运转中各机构应无异响、过大噪声与刮碰、振动的现象，各工作机构的制动器应动作灵活可靠，发现问题立即排除。

1.4.2　初级保养

初级保养应根据塔机实际作业时间和设备的状况确定，其保养周期一般定为每月一次，由司机及其班组人员进行。

初级保养的内容：

1）进行例保工作。按例保要求的内容进行。

2）检查金属结构件的紧固螺栓及连接件、焊点。检查塔身底座、标准节、预升套架、中间节、塔顶及起重臂、配重臂、附着撑杆的螺栓，应紧固无松动，有裂损应更换；检查金属构件有无变形，焊缝有无裂纹，发现有异时及时修整；各销子无松动，备销齐全。

3）检修电器。清扫配电箱内电器的灭弧装置、箱内污垢，拧紧接线端螺栓，清除电阻片上的积尘；检查接触器各触头是否接触可靠，适量加以润滑，用手拨动应灵活；检查、调整各限位开关的顶杆、碰轮位置，使工作可靠。

4）检查制动器。调整制动器的间隙，鼓式制动器的间隙为0.3～0.5mm，片式制动器为0.3mm。若制动片磨去1/3时应更换制动片。

5）检查润滑。在规定的润滑周期内对各规定的部位更换润滑油；各润滑点可加注润滑脂。

6）检查各传动机构。各机件无裂纹、破损，滚轮转动自如，齿轮啮合良好，传动可靠、无异响。

7）检查吊钩及钢丝绳。吊钩尾部无裂纹，危险断面磨损小于10%；钢丝绳变形磨损、腐蚀情况达到报废标准时应予更换。

8）轨道式塔机检查路基部分。

① 按起重机使用说明书提出的技术条件检验轨距和路基，轨道的纵横向不平度不大于1/1000，轨距误差不超过1/1000（或6mm）。

② 检查道钉和鱼尾板螺栓是否松动和短少，并及时拧紧和添配。

③ 检验枕木间距，轨道每隔6m应设轨距拉杆。

④ 检查接地接零装置是否可靠。

1.4.3　高级保养

高级保养的间隔期限要根据起重机的实际作业时间和设备状况决定，一般定为现场安装后一年一次，由专业队伍进行。

高级保养的内容：

1）进行初级保养工作。按初级保养作业的内容进行。

2）检修钢结构。更换失效的销子、螺栓等连接件，对有开裂的焊缝进行补焊，对产生形变的杆件进行调直或加固。

3）检修减速器。拆洗箱体零件，更换润滑油，检查、调整齿轮啮合间隙，更换损坏的油封、轴承、键、挡圈和销子等零件，转动各挡无异响。

4）检修联轴节。调整其轴向、径向间隙，视情况更换弹性圈、键、轴、轴承及损裂的机件等。

5）检调回转机构。检查回转轴际有无损坏、异响，支承的磨损下塌有无影响到下部油封；加注润滑脂，调整小齿轮啮合间隙，调整制动器。

6）拆检电器。检修全部电源线、辅线及照明线等的绝缘及磨损情况，不合格者更换；检修各接触器触头，要求接触可靠，调整过流继电器的整定值；检修电阻器，更换破裂的电阻片；拆检控制器及各限位开关，调整各触点的间隙及压力，要求工作可靠；测量外壳绝缘大于0.5MΩ。

7）检修电动机。检查并清扫定子绕组、转子和风扇，检查更换轴承并加注润滑脂，换碳刷，修磨集电环。

8）防腐保养。除锈，涂油漆，钢结构补漆。

1.4.4 润滑

各部位润滑油除应经常检查、加注和按季节更换（更换时应清洗油箱各部位）外，要参照表1-4-1规定的润滑部位及周期进行润滑作业。

表1-4-1 塔式起重机润滑部位及周期

<table>
<tr><th>序号</th><th>润滑部位</th><th>润滑脂</th><th>润滑周期（h）</th><th>润滑方式</th></tr>
<tr><td>1</td><td>齿轮减速器，蜗轮、蜗杆减速器，行星齿轮减速器</td><td>齿轮油
冬：HL-20
夏：HL-30</td><td>200
1000</td><td>添加、更换</td></tr>
<tr><td>2</td><td>起升、回转、变幅、行走等机构的开式齿轮及排绳机构蜗杆传动</td><td rowspan="3">石墨润滑脂
ZG-S</td><td>50</td><td>涂抹</td></tr>
<tr><td>3</td><td>钢丝绳</td><td rowspan="2">100</td><td>涂抹</td></tr>
<tr><td>4</td><td>各部连接螺栓、销轴</td><td>安装前涂抹</td></tr>
<tr><td>5</td><td>回转支承上下圈滚道、水平支承滚轮、行走轮轴承、卷筒链条、中央集电环轴套、行走台车竖轴</td><td rowspan="6">钙基润滑脂
冬：ZG-2
夏：ZG-4</td><td>50</td><td>涂抹</td></tr>
<tr><td>6</td><td>水母式底架活动支腿、卷筒支座、行走机构小齿轮支座、旋转机构竖轴支座、电缆卷筒支座</td><td>200</td><td>加注</td></tr>
<tr><td>7</td><td>齿轮传动、蜗杆蜗轮传动及行星传动等的轴承</td><td>500</td><td>加注</td></tr>
<tr><td>8</td><td>吊钩扁担梁推力轴承、钢丝绳滑轮及小车行走轮轴承</td><td>1000</td><td>加注、涂抹</td></tr>
<tr><td>9</td><td>液压缸球铰支座、拆装式塔身基础节斜撑支座</td><td rowspan="2">1000</td><td rowspan="2">根据需要涂抹</td></tr>
<tr><td>10</td><td>起升机构和小车牵引机构限位开关链传动</td></tr>
</table>

续表

序号	润滑部位	润滑脂	润滑周期（h）	润滑方式
11	制动器铰点、限位开关及接触器的活动铰点、夹轨器	机械油 HJ－20	50	根据需要用油壶滴入
12	液力联轴节	汽轮机油 HU－22	200 1000	添加、换油
13	液压推杆制动器及液压电磁制动器	冬：变压器油 DB－10 夏：机械油 HJ－20	200 1000	添加、换油
14	液压油箱	冬：变压器油或20号抗磨液压油 夏：40号抗磨液压油		顶升或降落塔身前添加，运转100～150h后清洗换油

岗位2

建筑起重信号司索工

任务 2.1　掌握必备的基础知识

2.1.1　物体重量与重心

1. 物体重量的计算

(1) 密度

计算物体质量时必须知道物体材料的密度。密度就是指某种物质单位体积内所具有的质量，其单位是 kg/m^3。一些常见材料的密度见表 2-1-1。

表 2-1-1　常见材料的密度

材　　料	密度（kg/m^3）	材　　料	密度（kg/m^3）
铸铁	6600～7400	杉木	376
铸钢	7850	石蜡	900
钢	7850	纯橡胶	930
不锈钢	7750	皮革	400～1200
铜	8700	玻璃	2500
铝	2730	陶瓷	2300～2450
铅	11370	电石	2220
锌	6860～7200	有机玻璃	1180
镁	1740	胶木	1300～1400
锡	7300	塑料	1350～1400
银	10500	生石灰	1100
金	19300	水泥	1200
水银	13600	耐火砖	2100～2800
马尾松	533	混凝土	2200～2400

(2) 物体质量的计算

物体的质量等于构成该物体的材料密度与体积的乘积，其表达式为

$$m=\rho V$$

式中，m——物体的质量（kg）；

ρ——物体的材料密度（kg/m^3）；

V——物体的体积（m^3）。

计算时应注意各参数单位的相互对应。

（3）物体重量的计算

物体的重量就是物体所受重力的大小。物体所受的重力是由于地球的吸引而产生的，重力的方向总是竖直向下。物体所受重力大小G和物体的质量m成正比，其表达式为

$$G=mg$$

其中，g取值为9.8N/kg。

重量的计量单位为牛顿（简称牛），用N表示，1kg=9.8N。

【例1】 计算1m×1m×1m的正方形钢块（$\rho=7850kg/m^3$）的重量。

解 正方形钢块的质量：$m=\rho V=7850kg/m^3\times1m\times1m\times1m=7850kg$

正方形钢块的重量：$G=mg=7850kg\times9.8N/kg=76930N$

【例2】 计算2m×1m×0.5m的长方形钢块（$\rho=7850kg/m^3$）的重量。

解 长方形钢块的质量：$m=\rho V=7850kg/m^3\times2m\times1m\times0.5m=7850kg$

长方形钢块的重量：$G=mg=7850kg\times9.8N/kg=76930N$

【例3】 计算直径0.2m（半径=0.1m）、高1m的圆柱体钢柱（$\rho=7850kg/m^3$）的重量。

解 圆柱体钢柱的质量：$m=\rho V=\rho\pi R^2h=7850kg/m^3\times3.14\times0.1m^2\times1m=246.5kg$

圆柱体钢柱的重量：$G=mg=246.5kg\times9.8N/kg=2415.7N$

2. 物体的重心

在起重作业中，设备吊装时捆绑钢丝绳的位置、组合件的吊装及吊装时物体的翻身都必须考虑到物件的重心。如果不找到物体重心而在任意位置捆绑，吊装中则会造成钢丝绳受力不均匀，或发生丧失平衡导致倾覆的危险。

（1）重心的概念

重心就是物体各部分重量的中心，也可以认为物体全部重量作用在重心上。一个物体不论在什么地方，不论如何安装，它的重心在物体形体上的位置是不会改变的。

（2）重心的求法

1）用数学方法求得物体的重心。形状规则物体的重心位置比较容易确定，如正方形、长方形物体的重心位置在其对角线的交点上，圆柱形物体的重心在其中间横截面的圆心上。如果物体由两个或两个以上的基本形体组成，可以分别求出基本形体的重心，再用基本形体的重心坐标求出整个物体的重心坐标，其计算公式为

$$X_C=\frac{\sum F_iX_i}{F}$$

$$Y_C=\frac{\sum F_iY_i}{F}$$

$$Z_C = \frac{\sum F_i Z_i}{F}$$

式中，F_i——基本形体的面积（mm^2）；

F——整个形体的面积（mm^2）；

X_i、Y_i、Z_i——基本形体的形心位置（mm）；

X_C、Y_C、Z_C——整个物体的形心位置（mm）。

2）常见规则几何形状物体重心的确定。正方形、长方形物体的重心位置在其对角线的交点上；圆柱形物体的重心在其中间横截面的圆心上；三角形物体的重心在其三条中心线的交点上。图 2-1-1 为部分物体重心确定方法示意图。

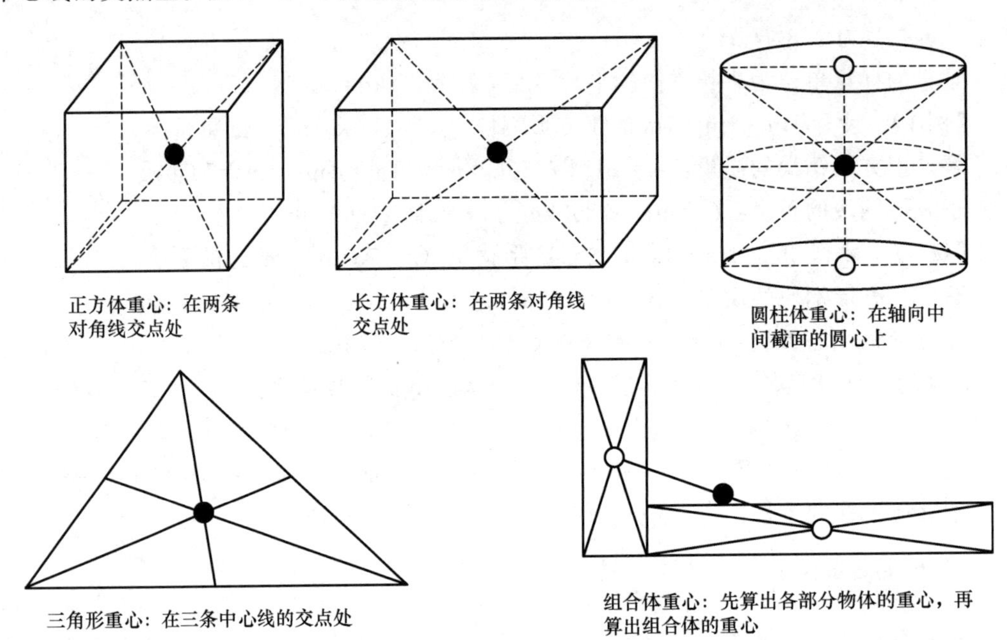

图 2-1-1　物体重心确定方法示意图

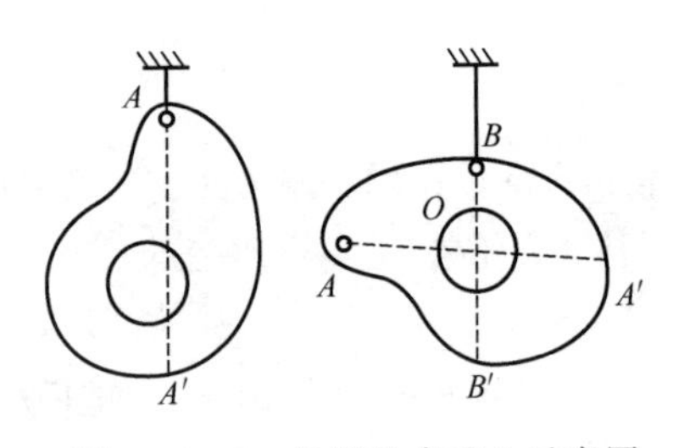

图 2-1-2　悬挂法求重心示意图

3）不规则几何形状物体重心的确定。可用悬挂法测定其重心位置，方法是：用均质薄板按比例画出不规则物体的截面形状，并剪下来，如图 2-1-2 所示；在薄板上任取一 A 点，用细绳悬挂起来，过 A 点画一垂线 AA'；再另选 B 点，悬挂起来，过 B 点画一垂线 BB'，那么不规则物体的重心必然在两垂线的交点 O 处。

3. 物体的稳定

对于起重司索作业来说，保证物体的稳定条件可从两个方面考虑：一是物体放置时应保证有可靠的稳定性，不倾倒；二是吊装运输过程中应有可靠的稳定性，保证正常吊运中不倾斜或翻转。

放置物体时，物体的重心作用线接近或超过物体支承面边缘（倾翻临界线）时，物体是不稳定的，故物体的重心越低、支承面越大，物体所处的状态越稳定。

吊运物体时，为保证吊运过程中物体的稳定性，防止提升、运输中发生倾斜、摆动或翻转，应使吊钩吊点与被吊物重心在同一条铅垂线上。

2.1.2 吊索与吊具

在起重作业中常用绳索绑扎、搬运和提升重物，常用的索具有白棕绳、尼龙绳、钢丝绳、合成纤维吊带、起重横吊梁等。

1. 白棕绳和尼龙绳

（1）白棕绳的特点和用途

白棕绳是起重作业中常用的轻便绳索，具有质地柔软、携带方便和容易绑扎等优点，但其强度比较低。一般白棕绳的抗拉强度仅为同直径钢丝绳的10%左右，易磨损。白棕绳主要用于绑扎及起吊较轻的物件和起重量比较小的扒杆缆风绳索。

白棕绳有涂油和不涂油之分。涂油的白棕绳抗潮湿、防腐性能较好，其强度比不涂油的要低，一般要低10%～20%；不涂油的白棕绳在干燥情况下强度高、弹性好，但受潮后强度降低多，约50%。

白棕绳有3股、4股和9股捻制的，特殊情况下有12股捻制的，其中最常用的是3股捻制品。

（2）白棕绳使用规定

按照《建筑施工起重吊装工程安全技术规范》(JGJ 276—2012)，吊装作业中使用的白棕绳应符合下列规定：

1）必须由剑麻的茎纤维搓成，并不得涂油。其规格和破断拉力应符合产品说明书的规定。

2）只可用作起吊轻型构件（如钢支撑）、受力不大的缆风绳和溜绳。

3）穿绕滑轮的直径根据人力或机械动力等驱动形式的不同，应大于白棕绳直径的10倍或30倍。麻绳有结时不得穿过滑车狭小之处。长期在滑车上使用的白棕绳应定期改变穿绳方向，以使绳的磨损均匀。

4）整卷白棕绳应根据需要的长度切断绳头，切断前必须用铁丝或麻绳将切断口扎紧，严防绳头松散。

5）使用中发生的扭结应立即抖直。如有局部损伤，应切去损伤部分。

6）当绳不够长时，必须采用编接接长。

7）捆绑有棱角的物件时，必须垫以木板或麻袋等物。

8）使用中不得在粗糙的构件上或地下拖拉，并应严防砂、石屑嵌入，磨伤白棕绳。

9）编接绳头绳套时，编接前每股头上应用绳扎紧，编接后相互搭接长度符合以下要求：绳套不得小于白棕绳直径的15倍；绳头不得小于30倍。

（3）白棕绳的近似破断拉力和容许拉力计算

白棕绳的近似破断拉力为

$$F_z=50d^2$$

式中，d——白棕绳的直径（mm）。

为了保证起重作业的安全，白棕绳在使用时不得超过其容许拉力，容许拉力应按下式计算：

$$[F_z]=F_z/K$$

式中，$[F_z]$——白棕绳的容许拉力（N）；

F_z——白棕绳的破断拉力（N），或见厂家说明书；

K——白棕绳的安全系数，见表 2-1-2。

表 2-1-2 白棕绳的安全系数

用　途	新、旧绳	安全系数
一般小型构件（过梁、空心板及重 5kN 及以下的构件）	新绳	≥3
	旧绳	≥6
5～10kN 重吊装作业	新绳	10
作捆绑吊索	新绳	≥6
	旧绳	≥12
作缆风绳	新绳	≥6

【例 4】 用白棕绳近似破断拉力公式计算直径 d 为 20mm、用作捆绑吊索的白棕绳（新绳安全系数 K 取 6）的近似破断拉力和容许拉力。

解 白棕绳的近似破断拉力：$F_z=50d^2=50\times20^2=20000$(N)

白棕绳的近似容许拉力：$[F_z]=F_z/K=20000/6=3333$(N)

（4）白棕绳的堆放和保管

白棕绳的堆放和保管应符合下列规定：

1）原封整卷白棕绳应放置在支垫高不小于 100mm 的木板上。直径 20mm 以下的白棕绳重叠堆放不得超过 4 卷，直径 22～38mm 的不得超过 3 卷，直径 41～63mm 的不得超过 2 卷。

2）粘有灰尘或污物时，可在水中洗净后晾干，并应较松地盘好，挂在木架上。

3）存放白棕绳的库房应干燥、通风，不得使麻绳受潮或霉烂。

4）堆放时严禁与油漆、酸、碱及有腐蚀性的化学药品接触。

（5）尼龙绳

1）尼龙绳的特点。尼龙绳具有重量轻、质地柔软、弹性好、强度高、耐腐蚀、耐油、不生蛀虫及霉菌、抗水性能好等优点；其缺点是不耐高温，使用中应避免高温及锐角损伤。尼龙绳可用来吊运表面粗糙度精度要求高的机械零部件及有色金属制品。

2）尼龙绳的受力计算。

近似破断拉力为

$$S_{破断}=110d^2$$

容许拉力为

$$S_{容许}=S_{破断}/K=110d^2/K$$

以上式中，$S_{破断}$——近似破断拉力（N）；

$S_{容许}$——容许拉力（N）；

d——尼龙绳的直径（mm）；

K——尼龙绳的安全系数。

尼龙绳的安全系数可根据工作使用状况的重要程度选取，但不得小于6。

【例5】 用尼龙绳近似破断拉力公式计算直径d为20mm、用作捆绑吊索的尼龙绳（K取6）的近似破断拉力和容许拉力。

解 尼龙绳的近似破断拉力：$S_{破断}=110d^2=110\times20^2=110\times400=44000(N)$

尼龙绳的近似容许拉力：$S_{容许}=S_{破断}/K=110d^2/K=44000/6=7333(N)$

（6）常用绳索打结方法

绳索在使用过程中经常需要打成各式各样的绳结，常用的绳索打结方法、用途及特点见表2-1-3。

表2-1-3　白棕绳、尼龙绳、钢丝绳的结绳法

序号	绳结名称	简图	用途及特点
1	直结（又称平结、交叉结、果子扣）		用于白棕绳两端的连接，连接牢固，中间放一短木棒易解
2	活结		用于白棕绳需要迅速解开时
3	组合结（又称单帆结、三角扣、单绕式双插结）		用于白棕绳或钢丝绳的连接，比直结易结、易解，也可用于不同粗细绳索两端的连接
4	双重组合结（又称双帆结、多绕式双插结）		用于白棕绳或钢丝绳两端有拉力时的连接及钢丝绳端与套环相连接，绳结牢靠
5	套连环结		用于将钢丝绳（或白棕绳）与吊环连接在一起
6	海员结（又称琵琶结、滑子结）		用于白棕绳绳头的固定，系结杆件或拖拉物件；绳结牢靠，易解，拉紧后不出死结
7	双套结（又称锁圈结）		用途同6，也可作吊索用；结绳牢固可靠、迅速，解开方便，可用于钢丝绳中段打结

续表

序号	绳结名称	简图	用途及特点
8	梯形结（又称八字扣、猪蹄扣、环扣）		在人字及三角桅杆栓拖拉绳，可在绳中段打结，也可抬吊重物；绳圈易扩大和缩小，绳结牢靠又易解
9	拴柱结（锚桩结）		用于缆风绳固定端绳结；用于溜松绳结，可以在受力后慢慢放松，且活头应放在下面
10	双梯形结（又称鲁班结）		主要用于拨桩及桅杆绑扎缆风绳等，绳结紧且不易松脱
11	单套结（又称十字结）		用于连接吊索或钢丝绳的两端，或固定绳索用
12	双套结（又称双十字结、对结）		用于连接吊索或钢丝绳的两端，也可用于绳端固定
13	抬扣（又称杠棒结）		以白棕绳搬运轻量物件时用，抬起重物时绳自然缩紧；结绳、解绳迅速
14	死结（又称死圈扣）		用于重物吊装捆绑，方便、牢固、安全
15	水手结		用于吊索直接系结杆件起吊，可自动勒紧，容易解开索
16	瓶口结		用于拴绑起吊圆柱形杆件，特点是越拉越紧
17	桅杆结		用于竖立桅杆，牢固可靠

续表

序号	绳结名称	简图	用途及特点
18	挂钩结		用在起重机挂钩上，特点是结法方便、牢靠，绳套不易滑脱
19	抬缸结		用于抬缸或吊运圆桶物件

2. 钢丝绳

（1）钢丝绳的用途和特点

钢丝绳广泛应用于起重作业，在建筑行业的起重作业中经常使用的钢丝绳均为圆股钢丝绳。

钢丝绳具有以下特点：

1）强度高，能承受冲击荷载。

2）挠性较好，使用灵活。

3）钢丝绳磨损后外表会产生许多毛刺，容易检查，破断前有断钢丝等预兆。

根据《钢丝绳　术语、标记和分类》（GB/T 8706—2017）、《重要用途钢丝绳》（GB 8918—2006）和《起重机　钢丝绳　保养、维护、检验和报废》（GB/T 5972—2016），钢丝绳术语、分类、标记、保养、维护、安装、检验和报废应符合相关规定，具体见下文。

（2）钢丝绳术语和分类

钢丝绳：至少由两层钢丝或多个股围绕一个中心或一根绳芯螺旋捻制而成的结构，分为多股钢丝绳和单捻钢丝绳。

1）单捻钢丝绳：由至少两层钢丝围绕一中心圆钢丝、组合股或平行捻股螺旋捻制而成的钢丝绳，其中至少有一层钢丝沿相反方向捻制，即至少有一层钢丝与外层反向捻。

在建筑行业的起重作业中非常少使用单捻钢丝绳，因此在此省略介绍。

2）多股钢丝绳：多个股围绕一根绳芯（单层股钢丝绳）或一个中心（阻旋转或平行捻密实钢丝绳）螺旋捻制的一层或多层钢丝绳。

在建筑行业的起重作业中经常使用的钢丝绳均为多股钢丝绳。图 2－1－3 所示为多股钢丝绳。

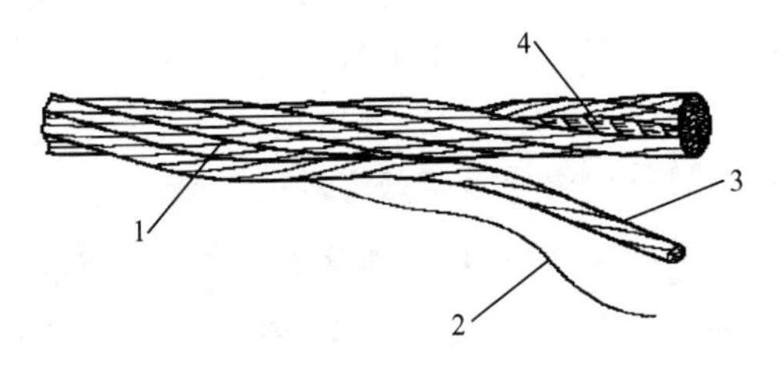

图 2－1－3　多股钢丝绳

1. 钢丝绳；2. 钢丝；3. 股；4. 芯

① 单层股钢丝绳。由一层股围绕一个芯螺旋捻制而成的多股钢丝绳。图 2-1-4 所示为单层多股钢丝绳示例。

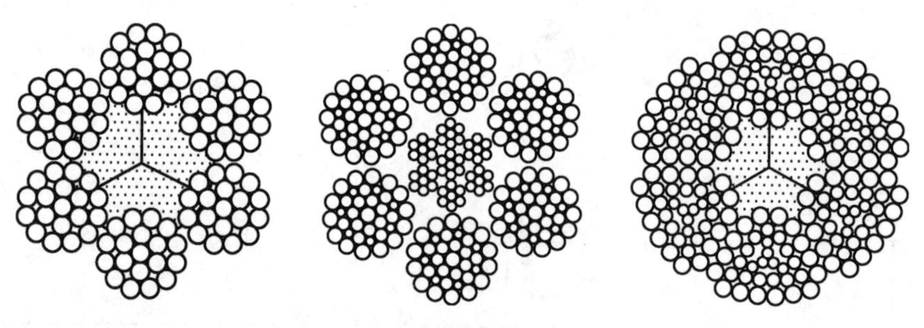

图 2-1-4　单层多股钢丝绳示例

② 阻旋转钢丝绳。当承受荷载时能减少扭矩或旋转程度的多股钢丝绳。图 2-1-5 所示为阻旋转钢丝绳示例。

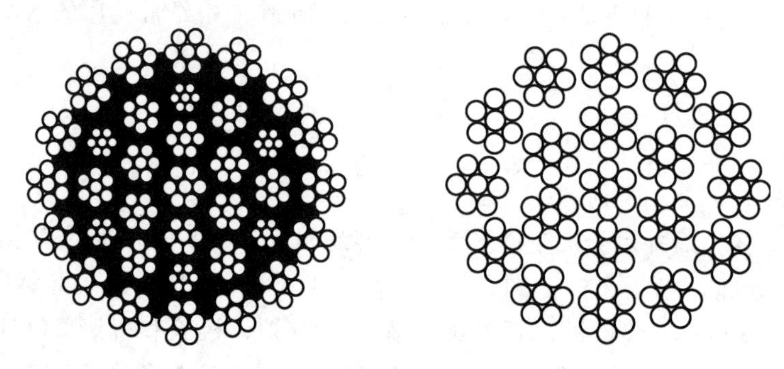

图 2-1-5　阻旋转钢丝绳示例

建筑工地特别是高层建筑工地的塔式起重机必须使用阻旋转钢丝绳。

3）钢丝绳按绳芯分为纤维芯和钢芯。

纤维芯应符合 GB/T 15030 的规定，或用黄麻、合成纤维及其他符合要求的纤维制成。除需方另有要求，纤维芯应用具有防腐、防锈性能的润滑油脂浸透。

钢芯分为独立的钢丝绳芯（IWR）和钢丝股芯（IWS）。

4）钢丝绳捻距：单股钢丝绳的外层钢丝、多股钢丝绳的外层股或缆式钢丝绳的单元钢丝绳围绕钢丝绳轴线旋转一周（或螺旋）且平行于钢丝绳轴线的对应两点间的距离（H），如图 2-1-6 所示。

5）钢丝绳捻向：外层钢丝在单捻钢丝绳中、外层股在多股钢丝绳中或单元钢丝绳在缆式钢丝绳中沿钢丝绳轴线的捻制方向，分为右捻（Z）和左捻（S）。

6）交互捻：钢丝绳在外层股中的捻制方向与外层股在钢丝绳中的捻制方向相反的多股钢丝绳，如图 2-1-7 所示。

注意：图 2-1-7 中第一个字母表示股的捻向，第二个字母表示钢丝绳的捻向。

7）同向捻：钢丝绳在外层股中的捻向与外层股在钢丝绳中的捻向相同的多股钢丝绳，如图 2-1-8 所示。

注意：图 2-1-8 中第一个字母表示股的捻向，第二个字母表示钢丝绳的捻向。

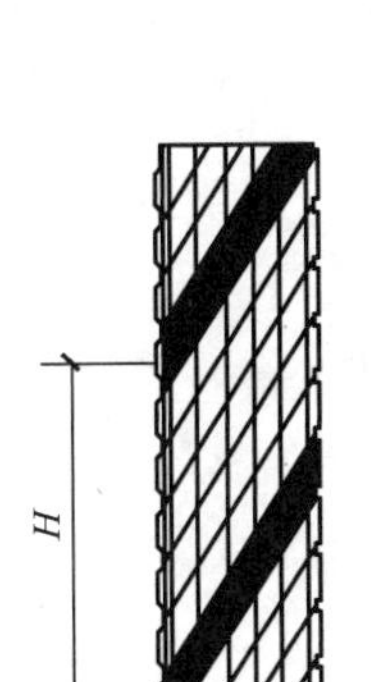

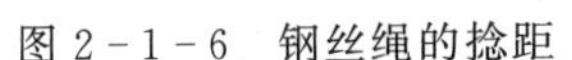
图2-1-6　钢丝绳的捻距

图2-1-7　交互捻

图2-1-8　同向捻

8）钢丝绳捻制要求。

① 钢丝绳应捻制均匀、紧密和不松散，在展开和无负荷情况下不得呈波浪状。绳内钢丝不得有交错、折弯和断丝等缺陷，但允许有因变形工卡具压紧造成的钢丝压扁现象存在。

② 钢丝绳的绳芯应具有足够的支撑作用，以使外层包捻的股均匀捻制。允许各相邻股之间有较均匀的缝隙。

③ 钢丝绳应均匀地连续涂敷防锈润滑油脂；需方要求钢丝绳有增摩性能时，钢丝绳应涂增摩油脂。

（3）钢丝绳标记

按照《钢丝绳　术语、标记和分类》（GB/T 8706—2017），钢丝绳标记系列由多项内容组成，见图2-1-9～图2-1-11中的示例。

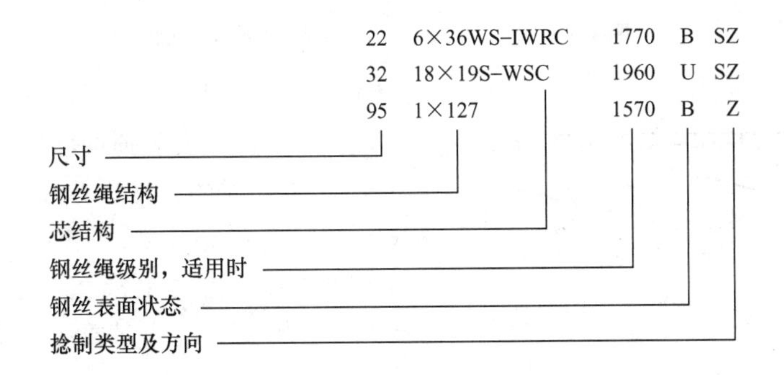

图2-1-9　钢丝绳标记系列示例

注：本示例及本标准其他部分各特性之间的间隔在实际应用中通常不保留

（4）钢丝绳直径测量方法

钢丝绳直径应用带有宽钳口的游标卡尺测量。钳口的宽度要足以跨越两个相邻的股，如图2-1-12所示。

测量应在无张力的情况下，于钢丝绳端头15m外的直线部位上进行，在相距至少1m的两截面上，并在同一截面互相垂直地测取两个数值，以四个测量结果的平均值作

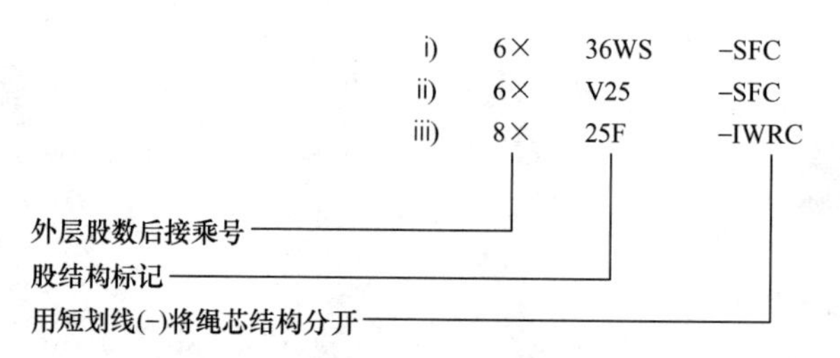

图 2-1-10 单层多股钢丝绳标记系列示例

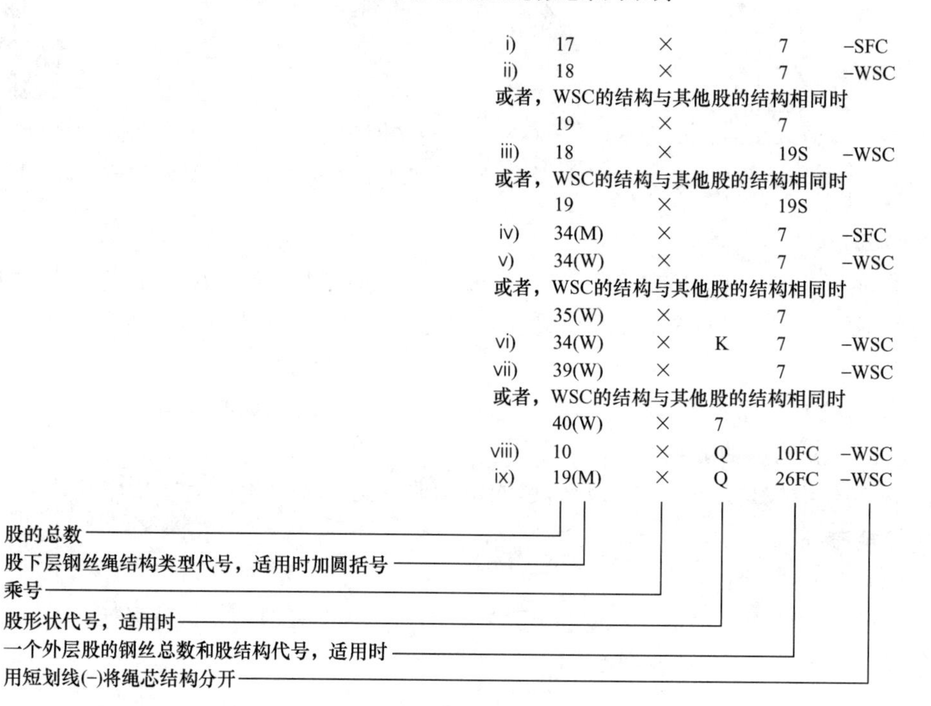

图 2-1-11 阻旋转钢丝绳标记系列示例

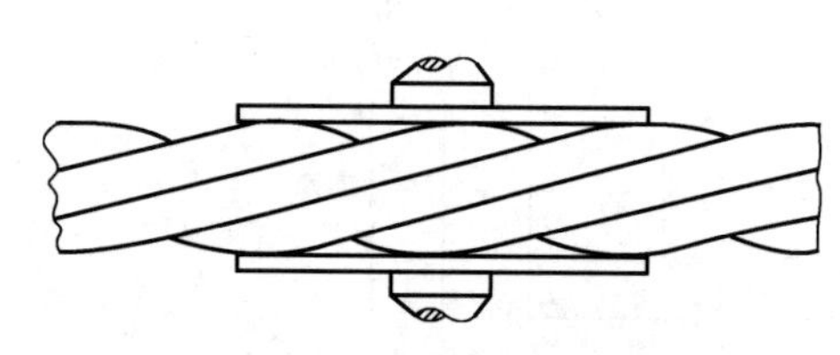

图 2-1-12 钢丝绳直径的测量

为钢丝绳的实测直径。

（5）钢丝绳安装前的状况

1）钢丝绳的置换。起重机上只应安装由起重机制造商指定的具有标准长度、直径、结构和破断拉力的钢丝绳，除非经起重机设计人员、钢丝绳制造商或有资格人员的准许，才能选择其他钢丝绳。

钢丝绳与卷筒、吊钩轮组或起重机结构的连接只应采用起重机制造商规定的钢丝绳端接装置或同样经批准的供选方案。

2）钢丝绳长度。所用钢丝绳的长度应充分满足起重机的使用要求，并且在卷筒上的终端位置应至少保留两圈钢丝绳。根据使用情况，如需从较长的钢丝绳上截取一段时，应对两端断头进行处理，或在切断时采用适当的方法来防止钢丝绳松散（图 2-1-13）。

3）起重机和钢丝绳制造商的使用说明书。应遵守起重机手册和由钢丝绳制造商给出的使用说明书中的规定。在起重机上重新安装钢丝绳之前应检查卷筒和滑轮上的所有

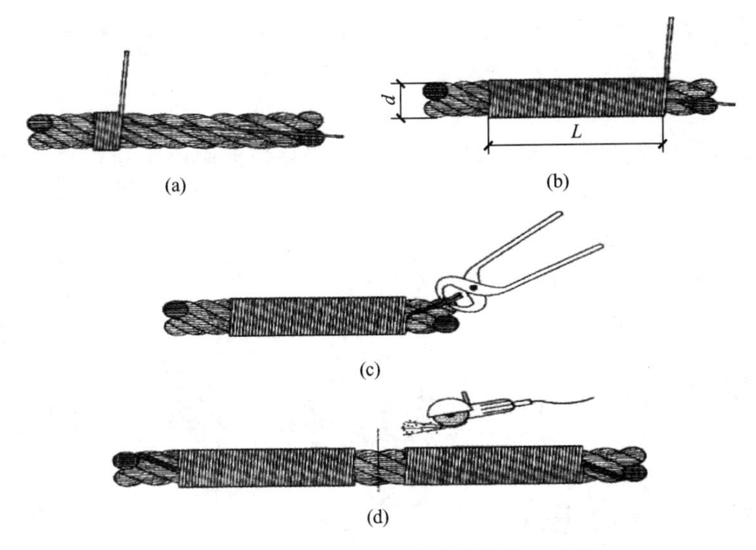

图 2-1-13　钢丝绳切断之前的施工准备

注：$L>2d$

绳槽，确保其完全适合替换的钢丝绳。

4）卸货和储存。为了避免意外事故，钢丝绳应谨慎小心地卸货。卷盘或绳卷既不允许坠落，也不允许用金属吊钩或叉车的货叉插入钢丝绳。

钢丝绳应储存在凉爽、干燥的仓库内，且不应与地面接触。钢丝绳绝不允许储存在易受化学烟雾、蒸汽或其他腐蚀剂侵袭的场所。储存的钢丝绳应定期检查，且如有必要，应对钢丝绳进行包扎。如果户外储藏不可避免，则对钢丝绳应加以覆盖，以免湿气导致锈蚀。

从起重机上卸下的待用的钢丝绳应进行彻底的清洁，在储存之前对每一根钢丝绳进行包扎。

长度超过 30m 的钢丝绳应在卷盘上储存。

（6）钢丝绳的安装

1）展开和安装。当钢丝绳从卷盘或绳卷展开时，应采取各种措施避免钢丝绳扭转或降低钢丝绳扭转的程度，因为钢丝绳扭转可能会在绳内产生结环、扭转或弯曲的状况。为避免发生这种状况，对钢丝绳应采取保持张紧、呈直线状态的措施（图 2-1-14）。

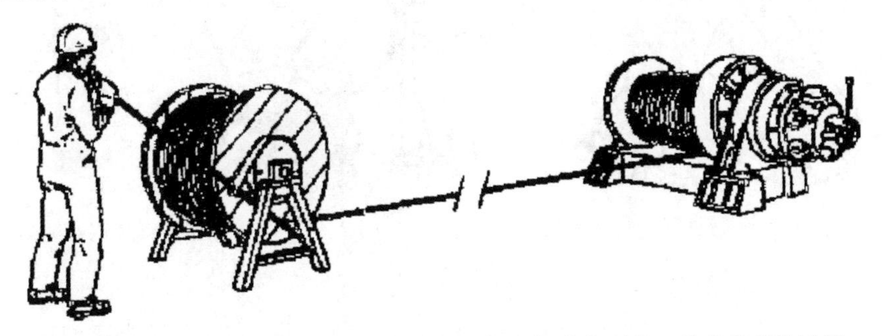

图 2-1-14　带张紧装置的钢丝绳从一卷盘底部缠绕到另一卷盘底部的示例

因旋转的钢丝绳卷盘具有很大的惯性，故对此需要进行控制，使钢丝绳按顺序缓慢地释放出来。

绳卷中的钢丝绳应从一个卷盘中放出。作为一种选择，解开钢丝绳时，较短长度的绳卷的外部绳端可能呈自由状态，而剩余绳段则沿着地面向前滚动（图 2－1－15）。

(a) 从绳卷解开　(b) 从卷盘上解开

图 2－1－15　解开钢丝绳的正确方法

为搬运方便，内部绳端应首先被固定到邻近的外圈。切勿由平放在地面的绳卷或卷盘释放钢丝绳。图 2－1－16～图 2－1－18 所示均为解开钢丝绳的错误方法。

图 2－1－16　从绳卷解开钢丝绳的错误方法

图 2－1－17　从卷盘解开钢丝绳的错误方法（一）

图 2－1－18　从卷盘解开钢丝绳的错误方法（二）

钢丝绳在释放过程中应尽可能保持清洁。钢丝绳截断时应按制造厂商的说明书进行，见图 2－1－13。

为确保阻旋转钢丝绳的安装无旋紧或旋松现象，应对其给予特别关注，且保证任何切断都是安全可靠和防止松散的。

注意：

① 如果绳股被弄乱，很可能在将来的使用期间发生钢丝绳的变形，而且可能降低其使用寿命。

② 钢丝绳安装期间旋紧或旋松现象可能导致吊钩组的附加扭转。

钢丝绳在安装时不应随意乱放，即转动既不应使之绕进也不应使之绕出。在安装的时候，钢丝绳应总是同向弯曲，即从卷盘顶端到卷筒顶端，或从卷盘底部到卷筒底部处释放，均应同向，见图 2-1-14。

终端固定应特别小心，确保安全可靠，且应符合起重机手册的规定。

如果在安装期间起重机的任何部分对钢丝绳产生摩擦，则接触部位应采取有效的保护措施。

2）使用前试运转。钢丝绳在起重机上投入使用之前，用户应确保与钢丝绳运行关联的所有装置运转正常。为使钢丝绳及其附件调整到适应实际使用状态，应对机构在低速和大约 10%的额定工作荷载（WLL）状态下进行多次循环运转操作。

3）维护。对钢丝绳进行的维护应与起重机类型、起重机的使用、环境及钢丝绳的类型有关。除非起重机或钢丝绳制造商另有指示，否则钢丝绳在安装时应涂以润滑脂或润滑油。安装钢丝绳后，应在必要的部位做清洗工作。对在有规律的时间间隔内重复使用的钢丝绳，特别是绕过滑轮的长度范围内的钢丝绳，在其出现干燥或锈蚀迹象之前均应使其保持良好的润滑状态。

（7）钢丝绳的受力计算

近似破断拉力

$$S_{破断}=500d^2$$

近似容许拉力

$$S_{容许}=S_{破断}/K=500d^2/K$$

式中，$S_{破断}$——钢丝绳抗拉强度为 1570N/mm^{2}时的近似破断拉力（N）；

$S_{容许}$——钢丝绳的近似容许拉力（N）；

d——钢丝绳的直径（mm）；

K——钢丝绳使用安全系数，其取值见表 2-1-4。

表 2-1-4　钢丝绳的使用安全系数 K

使用情况	安全系数 K	使用情况	安全系数 K
缆风绳	3.5	用于机动起重设备	5～6
用于手动起重设备	4.5	用作吊索、无弯曲吊索、绑扎吊索	8

使用钢丝绳时，钢丝绳的容许拉力必须大于或等于起重量。

【例 6】 用钢丝绳近似破断拉力公式计算直径 d 为 11mm，用作捆绑吊索的钢丝绳（K 取 8）的近似破断拉力和容许拉力。

解　钢丝绳的近似破断拉力：$S_{破断}=500d^2=500\times11^2=500\times121=60500$(N)

钢丝绳的近似容许拉力：$S_{容许}=S_{破断}/K=500d^2/K=500\times11^2/8=7562(N)$

（8）钢丝绳使用的安全检查

每个工作日应尽可能对任何钢丝绳的所有可见部位进行观察，目的是发现一般的损坏和变形，其中应特别注意钢丝绳在起重机上的连接部位（图 2－1－19）。钢丝绳状态的任何可疑变化情况都应报告，并由主管人员按规定进行检查。

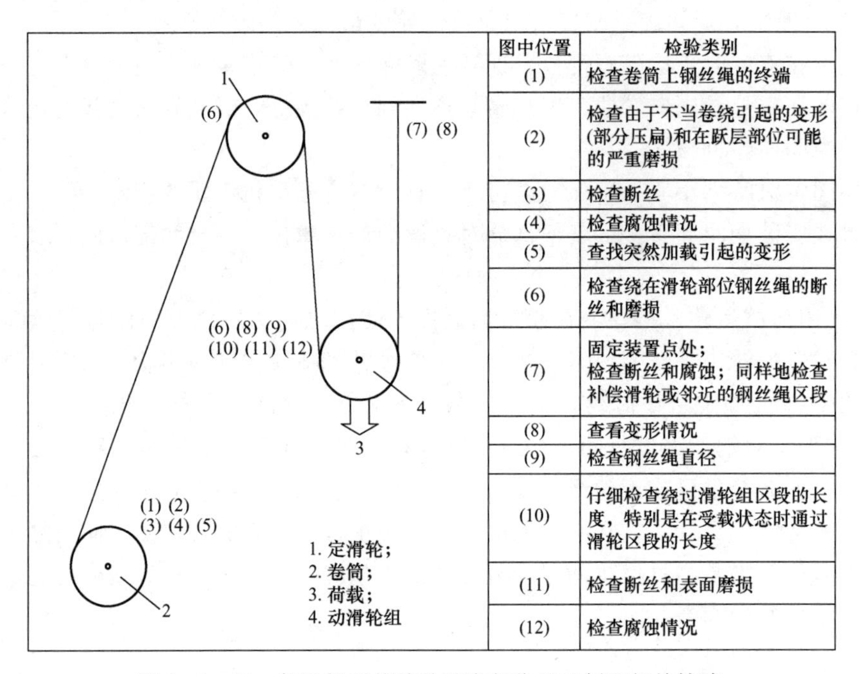

图中位置	检验类别
(1)	检查卷筒上钢丝绳的终端
(2)	检查由于不当卷绕引起的变形(部分压扁)和在跃层部位可能的严重磨损
(3)	检查断丝
(4)	检查腐蚀情况
(5)	查找突然加载引起的变形
(6)	检查绕在滑轮部位钢丝绳的断丝和磨损
(7)	固定装置点处；检查断丝和腐蚀；同样地检查补偿滑轮或邻近的钢丝绳区段
(8)	查看变形情况
(9)	检查钢丝绳直径
(10)	仔细检查绕过滑轮组区段的长度，特别是在受载状态时通过滑轮区段的长度
(11)	检查断丝和表面磨损
(12)	检查腐蚀情况

图 2－1－19　钢丝绳系统检验鉴定部位的示例和相关缺陷

（9）钢丝绳吊索及梨形环

根据《建筑施工起重吊装安全技术规范》（JGJ 276—2012），钢丝绳吊索及梨形环的使用应符合下列规定。

1）钢丝绳吊索。

① 吊索可采用 6×19，但宜用 6×37 型钢丝绳制作成环式或 8 股头式，其长度和直径应根据吊物的几何尺寸、重量和所用的吊装工具、吊装方法确定。使用时可采用单肢、双肢、四肢或多肢悬吊形式，如图 2－1－20 所示。

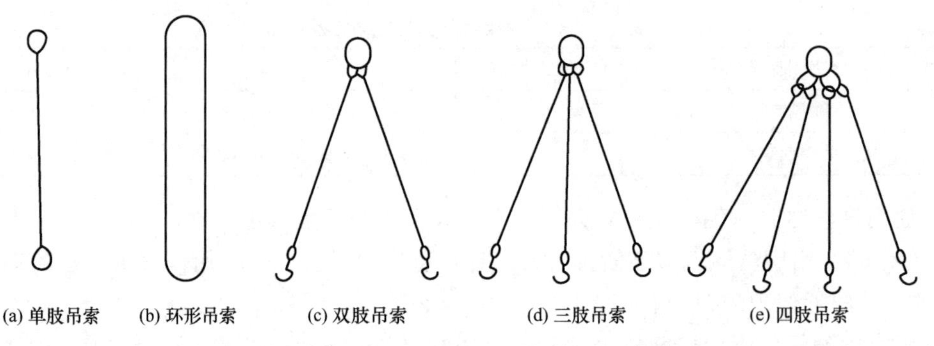

图 2－1－20　单肢、双肢、四肢或多肢悬吊形式

② 吊索钢丝绳的主要参数应符合表 2－1－5 和表 2－1－6 的规定。

表 2－1－5　6×19 钢丝绳的主要参数

钢丝绳公称直径	钢丝绳近似重量（kg/100m）			钢丝绳公称抗拉强度（MPa）									
				1570		1670		1770		1870		1960	
				钢丝绳最小破断拉力（kN）									
d(mm)	天然纤维芯钢丝绳	合成纤维芯钢丝绳	钢芯钢丝绳	纤维芯钢丝绳	钢芯钢丝绳	纤维芯钢丝绳	钢芯钢丝绳	纤维芯钢丝绳	钢芯钢丝绳	纤维芯钢丝绳	钢芯钢丝绳	纤维芯钢丝绳	钢芯钢丝绳
12	53.10	51.80	58.40	74.60	80.50	79.40	85.60	84.10	90.70	88.90	95.90	93.10	100.00
13	62.30	60.80	68.50	87.50	94.40	93.10	100.00	98.70	106.00	104.00	113.00	109.00	118.00
14	72.20	70.50	79.50	101.00	109.00	108.00	117.00	114.00	124.00	121.00	130.00	127.00	137.00
16	94.40	92.10	104.00	133.00	143.00	141.00	152.00	149.00	161.00	157.00	170.00	166.00	179.00
18	119.00	117.00	131.00	167.00	181.00	178.00	192.00	189.00	204.00	199.00	215.00	210.00	226.00
20	147.00	144.00	162.00	207.00	223.00	220.00	237.00	233.00	252.00	246.00	266.00	259.00	279.00
22	178.00	174.00	196.00	250.00	270.00	266.00	287.00	282.00	304.00	298.00	322.00	313.00	338.00
24	212.00	207.00	234.00	298.00	321.00	317.00	342.00	336.00	362.00	355.00	383.00	373.00	402.00
26	249.00	243.00	274.00	350.00	377.00	372.00	401.00	394.00	425.00	417.00	450.00	437.00	472.00
28	289.00	282.00	318.00	406.00	438.00	432.00	466.00	457.00	494.00	483.00	521.00	507.00	547.00
30	332.00	324.00	365.00	466.00	503.00	495.00	535.00	525.00	567.00	555.00	599.00	582.00	628.00
32	377.00	369.00	415.00	530.00	572.00	564.00	608.00	598.00	645.00	631.00	681.00	662.00	715.00
34	426.00	416.00	469.00	598.00	646.00	637.00	687.00	675.00	728.00	713.00	769.00	748.00	807.00
36	478.00	466.00	525.00	671.00	724.00	714.00	770.00	756.00	816.00	799.00	862.00	838.00	904.00
38	532.00	520.00	585.00	748.00	807.00	795.00	858.00	843.00	909.00	891.00	961.00	934.00	1010.00
40	590.00	576.00	649.00	828.00	894.00	881.00	951.00	934.00	1000.00	987.00	1060.00	1030.00	1120.00

注：钢丝绳公称直径（*d*）允许偏差为 0～5%。

表 2－1－6　6×37 钢丝绳的主要参数

钢丝绳公称直径	钢丝绳近似重量（kg/100m）			钢丝绳公称抗拉强度（MPa）									
				1570		1670		1770		1870		1960	
				钢丝绳最小破断拉力（kN）									
d(mm)	天然纤维芯钢丝绳	合成纤维芯钢丝绳	钢芯钢丝绳	纤维芯钢丝绳	钢芯钢丝绳	纤维芯钢丝绳	钢芯钢丝绳	纤维芯钢丝绳	钢芯钢丝绳	纤维芯钢丝绳	钢芯钢丝绳	纤维芯钢丝绳	钢芯钢丝绳
12	54.70	53.40	60.20	74.60	80.50	79.40	85.60	84.10	90.70	88.90	95.90	93.10	100.00
13	64.20	62.70	70.60	87.50	94.40	93.10	100.00	98.70	106.00	104.00	113.00	109.00	118.00
14	74.50	72.70	81.90	101.00	109.00	108.00	117.00	114.00	124.00	121.00	130.00	127.00	137.00
16	97.30	95.00	107.00	133.00	143.00	141.00	152.00	149.00	161.00	157.00	170.00	166.00	179.00
18	123.00	120.00	135.00	167.00	181.00	178.00	192.00	189.00	204.00	199.00	215.00	210.00	226.00
20	152.00	148.00	167.00	207.00	223.00	220.00	237.00	233.00	252.00	246.00	266.00	259.00	279.00

续表

钢丝绳公称直径	钢丝绳近似重量（kg/100m）			钢丝绳公称抗拉强度（MPa）									
				1570		1670		1770		1870		1960	
				钢丝绳最小破断拉力（kN）									
d(mm)	天然纤维芯钢丝绳	合成纤维芯钢丝绳	钢芯钢丝绳	纤维芯钢丝绳	钢芯钢丝绳	纤维芯钢丝绳	钢芯钢丝绳	纤维芯钢丝绳	钢芯钢丝绳	纤维芯钢丝绳	钢芯钢丝绳	纤维芯钢丝绳	钢芯钢丝绳
22	184.00	180.00	202.00	250.00	270.00	266.00	287.00	282.00	304.00	298.00	322.00	313.00	338.00
24	219.00	214.00	241.00	298.00	321.00	317.00	342.00	336.00	362.00	355.00	383.00	373.00	402.00
26	257.00	251.00	283.00	350.00	377.00	372.00	401.00	394.00	425.00	417.00	450.00	437.00	472.00
28	298.00	291.00	328.00	406.00	438.00	432.00	466.00	457.00	494.00	483.00	521.00	507.00	547.00
30	342.00	334.00	376.00	466.00	503.00	495.00	535.00	525.00	567.00	555.00	599.00	582.00	628.00
32	389.00	380.00	428.00	530.00	572.00	564.00	608.00	598.00	645.00	631.00	681.00	662.00	715.00
34	439.00	429.00	483.00	598.00	646.00	637.00	687.00	675.00	728.00	713.00	769.00	748.00	807.00
36	492.00	481.00	542.00	671.00	724.00	714.00	770.00	756.00	816.00	799.00	862.00	838.00	904.00
38	549.00	536.00	604.00	748.00	807.00	795.00	858.00	843.00	909.00	891.00	961.00	934.00	1010.00
40	608.00	594.00	669.00	828.00	894.00	881.00	951.00	934.00	1000.00	987.00	1060.00	1030.00	1120.00
42	670.00	654.00	737.00	913.00	985.00	972.00	1040.00	1030.00	1110.00	1080.00	1170.00	1140.00	1230.00
44	736.00	718.00	809.00	1000.00	1080.00	1060.00	1150.00	1130.00	1210.00	1190.00	1280.00	1250.00	1350.00
46	804.00	785.00	884.00	1090.00	1180.00	1160.00	1250.00	1230.00	1330.00	1300.00	1400.00	1370.00	1480.00
48	876.00	855.00	963.00	1190.00	1280.00	1260.00	1360.00	1340.00	1450.00	1420.00	1530.00	1490.00	1610.00
50	950.00	928.00	1040.00	1290.00	1390.00	1370.00	1480.00	1460.00	1570.00	1540.00	1660.00	1620.00	1740.00
52	1030.00	1000.00	1130.00	1400.00	1510.00	1490.00	1600.00	1570.00	1700.00	1660.00	1800.00	1750.00	1890.00
54	1110.00	1080.00	1220.00	1510.00	1620.00	1600.00	1730.00	1700.00	1830.00	1790.00	1940.00	1890.00	2030.00
56	1190.00	1160.00	1310.00	1620.00	1750.00	1720.00	1860.00	1830.00	1970.00	1930.00	2080.00	2030.00	2190.00
58	1280.00	1250.00	1410.00	1740.00	1880.00	1850.00	1990.00	1960.00	2110.00	2070.00	2240.00	2180.00	2350.00
60	1370.00	1340.00	1500.00	1860.00	2010.00	1980.00	2140.00	2100.00	2260.00	2220.00	2400.00	2330.00	2510.00

注：钢丝绳公称直径（*d*）允许偏差0～5%。

③ 当钢丝绳的端部采用编结固接时，编结部分的长度不得小于钢丝绳直径的20倍，并不应小于300mm。插接绳股应拉紧，凸出部分应光滑平整，且应在插接末尾留出适当长度，用金属丝扎牢。钢丝绳插接方法宜按现行行业标准《起重机械吊具与索具安全规程》（LD 48—1993）的要求。用其他方法插接的，应保证插接连接强度不小于该绳最小破断拉力的75%。

8股头吊索两端的绳套可根据工作需要装上桃形环、卡环或吊钩等吊索附件。图2-1-21所示为吊索。

④ 吊索的安全系数：当利用吊索上的吊钩、卡环钩挂重物上的起重吊环时，不应小于6；当用吊索直接捆绑重物，且吊索与重物棱角间采取了妥善的保护措施时，应取6～8；当吊重、大或精密的物件时，除应采取妥善保护措施外，安全系数应取10。

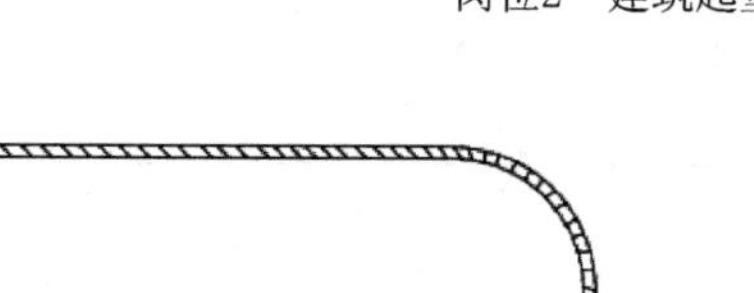

(a) 环状吊索

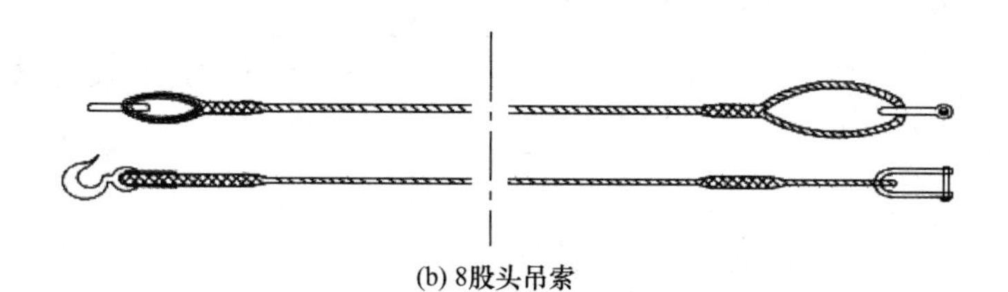

(b) 8股头吊索

图 2-1-21 吊索

⑤ 吊索与所吊构件间的水平夹角应为 45°～60°。

⑥ 吊索的拉力计算及选择应符合表 2-1-7 和表 2-1-8 的规定。

表 2-1-7 吊索的拉力计算

简　　图	夹角 α	吊索拉力 F	水平压力 H
	25°	1.18G	1.07G
	30°	1.00G	0.87G
	35°	0.87G	0.71G
	40°	0.78G	0.60G
	45°	0.71G	0.50G
	50°	0.65G	0.42G
	55°	0.61G	0.35G
	60°	0.58G	0.29G
	65°	0.56G	0.24G
	70°	0.53G	0.18G

注：G 为构件的重力。

表 2-1-8 吊索的选择

钢丝绳根数	1	2	4	2		4				8		
重物自重（×10kN）	吊索钢丝绳与重物的水平夹角											
	90°			60°	45°	30°	60°	45°	30°	60°	45°	30°
	吊索的钢丝绳直径（mm）											
1	15.5	11	11	13	13	15.5	11	11	11	11	11	11
2	22	15.5	11	17.5	19.5	22	13	13	15.5	11	11	11

续表

钢丝绳根数	1	2	4	2		4				8		
重物自重（×10kN）	吊索钢丝绳与重物的水平夹角											
	90°			60°	45°	30°	60°	45°	30°	60°	45°	30°
	吊索的钢丝绳直径（mm）											
3	26	19.5	13	19.5	22	26	15.5	15.5	19.5	11	11	13
4	30.5	22	15.5	24	26	30.5	17.5	19.5	22	13	13	15.5
5	35	24	17.5	26	28.5	35	19.5	19.5	24	13	15.5	17.5
6	37	26	19.5	28.5	30.5	37	19.5	22	26	15.5	15.5	19.5
7	43.5	28.5	19.5	30.5	35	43.5	22	24	28.5	15.5	17.5	19.5
8	43.5	30.5	22	32.5	37	43.5	24	26	30.5	17.5	17.5	22
9	47.5	32.5	24	35	39	47.5	24	28.5	32.5	17.5	19.5	24
10	47.5	35	24	37	43.5	47.5	26	28.5	35	19.5	22	24
15	60.5	43.5	30.5	39	52	60.5	32.5	35	43.5	24	26	30.5
20	—	47.5	35	47.5	56.5	—	37	43.5	47.5	26	28.5	35

注：本表是选用容许拉应力、6×37 型钢丝绳制作吊索，钢丝绳安全系数取 10 计算的。

2）梨形环。使用梨形环时，钢丝绳强度降低率参照表 2-1-9 取值。

表 2-1-9　使用梨形环时的钢丝绳强度降低率

钢丝绳直径（mm）	绕过梨形环后强度降低率（%）
10～16	5
19～28	15
32～38	20
42～50	25

（10）钢丝绳绳端连接的方法

钢丝绳绳端连接方法主要包括锥形套、绳夹及插接等形式，绳端连接时应选用与绳径相应的锥形套、绳卡和插接方法。各种绳端连接形式的连接强度见表 2-1-10。

表 2-1-10　绳端连接强度

绳端连接形式	连接强度	说　明
锥形套	100%	浇铸铅、锌液
绳夹	80%～85%	正确安装时取 80%
插接	75%～95%	随绳径增大而减小

1）钢丝绳绳端的锥形套连接。吊索绳端锥形套连接均由生产厂家按要求进行加工制作，一般在吊索不需要弯曲的情况下使用。

2）钢丝绳绳端的绳夹连接。

① 采用绳夹连接时，根据《钢丝绳夹》（GB/T 5976—2006），绳夹数量不得少于 3 个。绳夹数量与绳径有关，二者的关系见表 2-1-11。图 2-1-22 所示为绳夹实物，图 2-1-23 所示为错误的绳夹安装。

表 2-1-11　绳夹数量与绳径的关系

钢丝绳直径（mm）	≤18	18～26	26～36	36～44	44～60
最少需用绳夹数量（个）	3	4	5	6	7

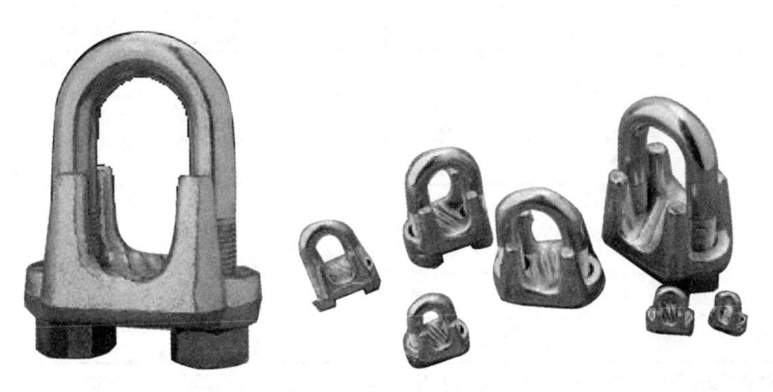

图 2-1-22　绳夹实物

图 2-1-23　错误的绳夹安装

② 绳夹安装方向。绳夹夹座扣在钢丝绳的工作段上，U 形螺栓扣在钢丝绳的尾端上。绳夹不得在钢丝绳上交替布置。钢丝绳绳夹的正确布置方法见图 2-1-24。

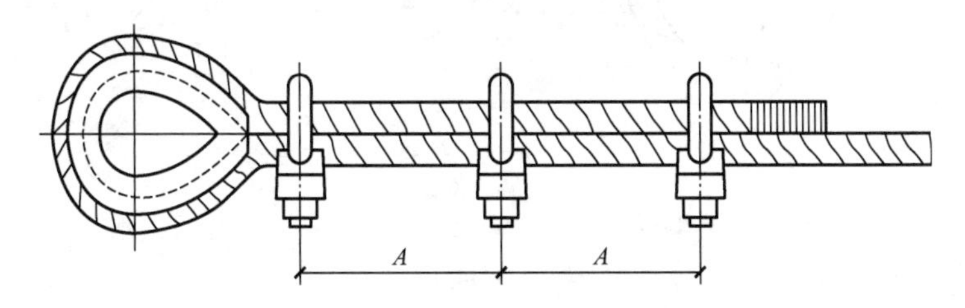

图 2-1-24　钢丝绳绳夹的正确布置方法

③ 绳夹安装间距。绳夹应等间距安装，间距不小于钢丝绳直径的 6 倍；绳头距最后一个绳卡的长度不小于 140mm，并采用细钢丝捆扎。

④ 绳夹安装时的压紧度以绳夹 U 形螺栓压扁钢丝绳非受力绳 1/3 为宜。

3）钢丝绳绳端的插接连接。当需要钢丝绳制成两头带有环套的吊索时，则要把绳头编插入绳中。

编插绳索的各部分尺寸见表 2-1-12。

表 2-1-12　钢丝绳插接各部分的尺寸（mm）

钢丝绳直径	破头长度	绳扣长度	插接长度
9	400	200	200
10～13	450	250	250
15～18	600	300	300
19.5	700	350	400
21.5	800	400	450
24～26	900	450	500
28～30	1300	500	750
32.5～39	1500	600	850

注：破头长度指绳端需散股部分的长度；绳扣长度指绳扣环自然状态下的长度；插接长度指绳头编插入绳中的长度。

编插绳扣的钢丝绳，一般采用 6×37 交互捻的钢丝绳，这样钢丝绳的丝数较多，柔性好，插接起来省力。下面重点介绍一进三编插接方法，如图 2-1-25 所示。

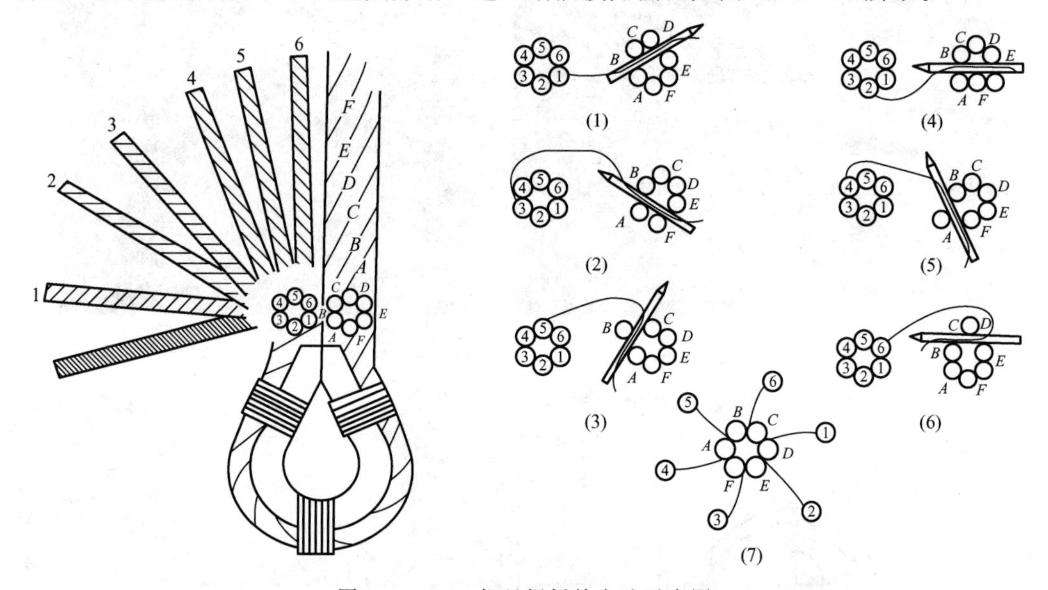

图 2-1-25　钢丝绳插接方法示意图

所谓一进三编，就是指被编接的钢丝绳起头的第一缝分别插入破头 1，2，3 股，然后在相邻缝依次插入 4，5，6 股，完成起头插接；再依次将 1，2，3，4，5，6 股顺缝插入，直至满足相应插接长度的要求。当绳有纤维绳芯时，绳芯在随第一股进行第一次插穿后，将露在外面的部分切掉。

3. 合成纤维吊带

合成纤维吊带轻便柔软，主要适用于精密仪器和表面要求较严格的物件的吊装。因其具有易于操作、对物件表面无损伤、使用寿命长等优点，已逐步取代钢丝绳索具和链

条索具。

吊带以优质的高强度聚酯工业长丝为原料，重量轻、不导电、不腐蚀，日常安全检查简单直观；用标准色来区分承载吨位，容易辨认。

（1）建筑行业中常用的吊带

在建筑行业的起重作业中常使用柔性吊带和扁平吊带。

1）柔性吊带：由多股加捻成承载芯并封闭在护套里的吊带。图 2-1-26 所示为柔性环形吊带。

2）扁平吊带：由无梭机一次织成并经染整加工成型的吊带，分为单层和多层，有环形和两头扣及多种形式。图 2-1-27 所示为环形扁平吊带，图 2-1-28 所示为双扣扁平吊带，图 2-1-29 所示为扁平吊带的应用。

图 2-1-26　柔性环形吊带

图 2-1-27　环形扁平吊带

图 2-1-28　双扣扁平吊带

图 2-1-29　扁平吊带的应用

（2）合成纤维吊带的选用

可根据所吊装实际物体的重量决定选用的吊带大小。

（3）吊带的安全使用要求

1）吊带在每次使用前必须进行检查，包括检查吊带表面是否有横向、纵向擦破或割断，边缘、软环及末端件是否有损坏，确认吊带良好方可进行吊运。

2）吊运工件表面应平滑，不得有尖角、毛刺和棱边，否则应使用吊带专用护套和护角。禁止用吊带直接吊运有尖角、毛刺和棱边的物件。

3）在移动吊带和货物时，吊带不准随地拖曳，以免损坏吊带表面。

4）在承载时不得在打结或打拧的状态下吊运。

5）禁止吊带长时间悬挂货物。

6）吊运过程中不得改变受载状况。如需几支吊带同时使用，应使荷载尽可能均匀分布在每支吊带上。

7）禁止用打结的方式来连接或接长吊带。

8）吊带在使用中尽量避免与酸、碱等化学物品接触，避免在高温和有火星飞溅的场所使用。如吊带被弄脏或在有酸、碱的环境中使用后，应立即用凉水冲洗干净。

9）不使用时应将吊带放置在专用存放架（处）。吊带不准放置在明火、有明火作业处或其他热源附近，不准长时间放置在烈日下。

10）每天使用完毕，应将吊带上的油污等用清水擦拭干净后放置在专用存放架上。

（4）合成纤维吊带的报废标准

1）当吊带表面损坏时，如吊带被尖物划伤、吊带边缘被割断等。

2）无标记、标牌或标记、标牌不清楚时。

3）当吊带颜色与原有颜色相比改变较大时。

4）当软环缝合处出现撕开时。

5）当末端出现变形、裂纹时。

6）当绳、带粗细出现变化时。

7）当绳、带长度出现变化时。

8）存放超过1年时。

9）长期露天作业，露天存放超过半年时。

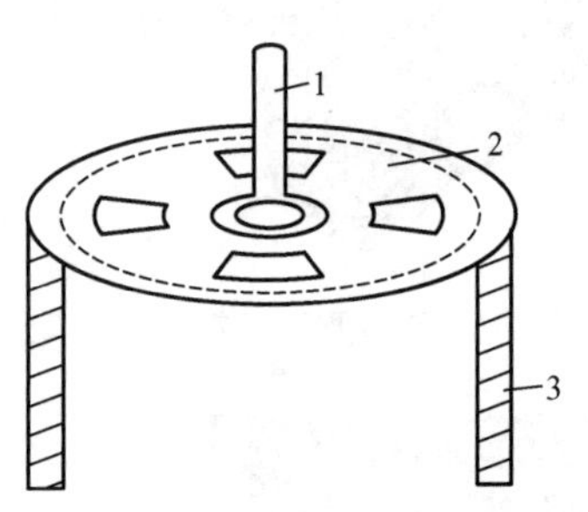

图2-1-30　滑轮横吊梁
1. 吊环；2. 滑轮；3. 吊索

4. 起重横吊梁

起重横吊梁应采用Q235钢材制作，且必须经过设计计算。起重横吊梁一般有滑轮横吊梁、钢板横吊梁和钢管横吊梁三种。图2-1-30所示为滑轮横吊梁，图2-1-31所示为钢板横吊梁，图2-1-32所示为钢管横吊梁。

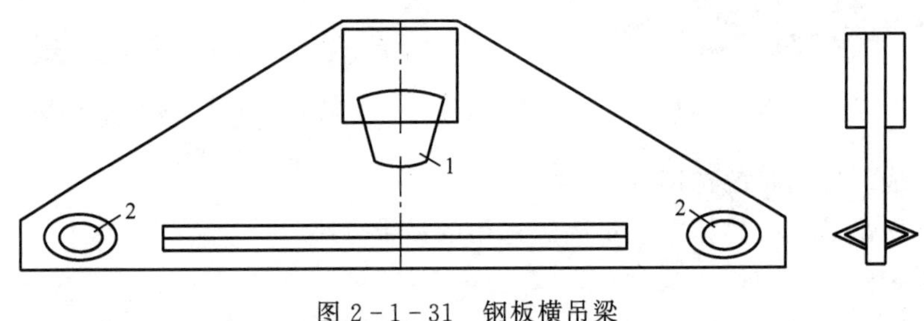

图2-1-31　钢板横吊梁
1. 挂钩孔；2. 挂卡环孔

根据《起重机械吊具与索具安全规程》（LD 48—1993），起重横吊梁应符合以下规定：

1）横吊梁的安全系数不得小于4；横吊梁的吊钩、夹钳、电磁吸盘、料耙等吊具应用安全可靠的方法进行连接，且不得降低横吊梁、吊具原有的机械性能。

2）横吊梁上的吊具应对称分布，且横吊梁与吊具承载点之间的垂直距离应相等，以保证横梁在承载和空载时保持平衡状态。

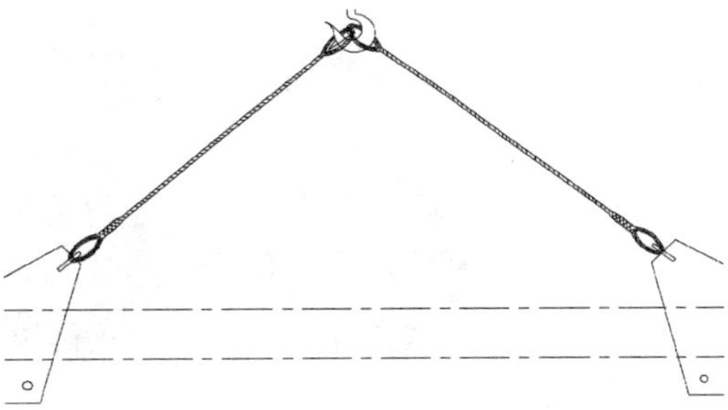

3）吊运液态金属盛钢桶的横吊梁，在液态金属侧宜装防热辐射的隔热板。

4）当横吊梁直接挂入起重机承载吊钩使用时，起重机吊钩宜设置防止意外脱钩的闭锁装置。

图 2-1-32 钢管横吊梁

5．吊具、索具的使用

1）起重吊具、索具应符合下列要求：

① 吊具与索具产品应符合现行国家标准《起重机械吊具与索具安全规程》（LD 48—1993）的规定。

② 吊具与索具应与吊重种类、吊运具体要求及环境条件相适应。

③ 作业前应对吊具与索具进行检查，当确认完好后方可投入使用。

④ 吊具承载时不得超过额定起重量，吊索（含各分肢）承载不得超过安全工作荷载。

⑤ 塔式起重机吊钩的吊点应与吊重重心在同一条铅垂线上，使吊重处于稳定平衡状态。

2）吊索必须由整根钢丝绳制成，中间不得有接头。

3）采用两点吊或多点吊时，吊索数宜与吊点数相符，且各根吊索的材质、结构及尺寸、索眼端部固定连接、端部配件等性能应相同。

4）钢丝绳严禁采用打结方式系结吊物。

5）当吊索弯折曲率半径小于钢丝绳公称直径的 2 倍时，应采用卸扣将吊索与吊点拴接。

6）新购置或修复的吊具、索具应进行检查，确认合格后方可使用。

7）吊具、索具在每次使用前应进行检查，经检查确认符合要求后方可继续使用，当发现有缺陷时应停止使用。

8）吊具与索具应进行定期检查，并应做好记录。检查记录应作为继续使用、维修或报废的依据。

6．滑轮和滑轮组

（1）滑轮的类型和用途

在起重吊装作业中常使用滑轮或滑轮组配合卷扬机进行工作。由于滑轮或滑轮组具有灵活性、适用性，在一些施工现场狭窄的特殊场合仍是一种必不可少的起重工具。

滑轮的类型按其组成部分的滑轮数目分为单滑轮、双滑轮和多滑轮（图 2-1-33）；按其在起重作业中的作用分为定滑轮、动滑轮和导向滑轮，定滑轮和动滑轮可称为滑轮组。

定滑轮在起重作业中起保持重物的平衡、支持承重钢丝绳的升降运动和改变绳索拉力方向的作用，不起省力的作用。

动滑轮在起重作业中一般只起省力和承重作用。

图 2-1-33 单滑轮、双滑轮和多滑轮

导向滑轮根据起重作业的需要，能改变钢丝绳受力方向或改变被牵引物的运动方向。

一个单轮滑轮能够节省一半的起升拉力，因此动滑轮数越多，起升钢丝绳的牵引力越小。

(2) 滑轮组钢丝绳的穿绕

起重滑轮组钢丝绳的穿绕是起重作业中一项既重要又有一定技术难度的工作。当滑轮数较多时，若穿绕不当，提升时会使滑轮产生歪扭，甚至使重物下降时阻力过大，产生自锁现象；也可能由于钢丝绳传力不畅，滑轮组中的钢丝绳局部松弛，引起突然冲击，严重时会使钢丝绳断裂而造成事故。

滑轮组钢丝绳的穿绕方法分为顺穿法和花穿法两种，其穿绕法见表 2-1-13 和表 2-1-14。

表 2-1-13 顺穿法

方法	简图	说明
单头顺穿法	死头 定滑轮 动滑轮 导向滑轮 跑头至绞车 S_0 S_1 S_2 S_3 S_4 S_5 S_6 S_7 S_8	绳端头从边滑轮按顺序逐个绕过定滑轮和动滑轮，而将死头固定于末端的定滑轮架上。一般在5门以下常用此穿法 单头顺穿法的特点是简单易穿，但在吊装时由于连向绞车的引出钢丝绳拉力最大，死头端的拉力最小，每一工作线受力不同，所示常出现滑轮偏斜、工作不平衡，对吊装操作不利
双头顺穿法	平衡滑轮 定滑轮 动滑轮 导向滑轮 跑头至绞车 跑头至绞车 S_0 S_1 S_2 S_3 S_4 S_3' S_1' S_2' S_0' S_4'	在吊装重型设备或构件时，双头顺穿法比较有利，它的主要优点是滑轮工作平衡，避免滑轮偏斜，并可减少滑轮运行阻力，加快吊装速度 双头顺穿法定滑轮的个数一般宜采用奇数，并以当中的转轮作平衡轮；如两台绞车卷转线速度相同，平衡轮可不转动，滑轮也无偏扭，但两台绞车必须等速卷绕

表 2-1-14　花穿法

方　法	简　图	说　明
小花穿法（一）	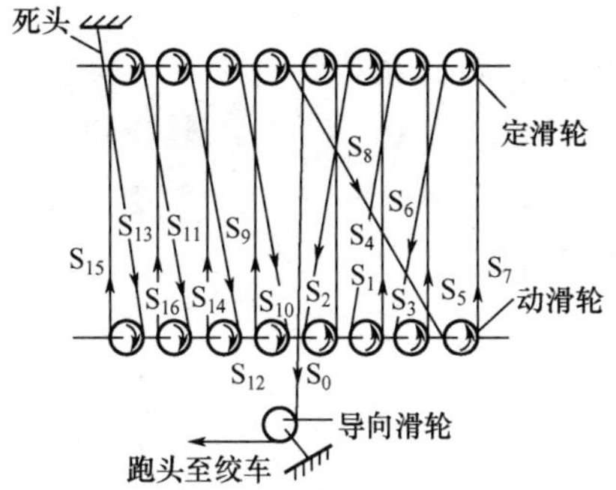	小花穿的绳头是从滑轮组的中间滑轮开始绕入，如简图所示。跑头按一个方向依次穿绕定滑轮及动滑轮，最后将死头固定于定滑轮架。钢丝绳穿绕间隔一般在1～5个滑轮，小花穿法的间隔穿绕次数总在两次以下。左右两边的滑轮旋转方向相反，简图所示引出绳分支的拉力最大，且右边5、6、7、8四个滑轮的拉力均大于左边1、2、3、4四个滑轮的拉力。这种穿法的缺点是当钢丝绳从动滑轮8花穿入定滑轮4时，钢丝绳与轮槽偏角过大，可能出现滑轮架偏斜、轴瓦烧坏
小花穿法（二）	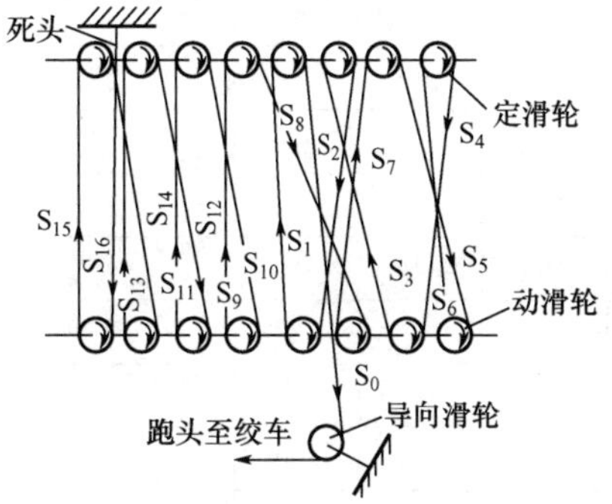	钢丝绳从第五门定滑轮引入，后从定滑轮6经过动滑轮8、定滑轮7返回动滑轮6，最后由动滑轮6返回定滑轮4。这种穿绕法右边滑轮5、6、7、8的钢丝绳拉力大于左边1、2、3、4轮的钢丝绳拉力
大花穿法（一）	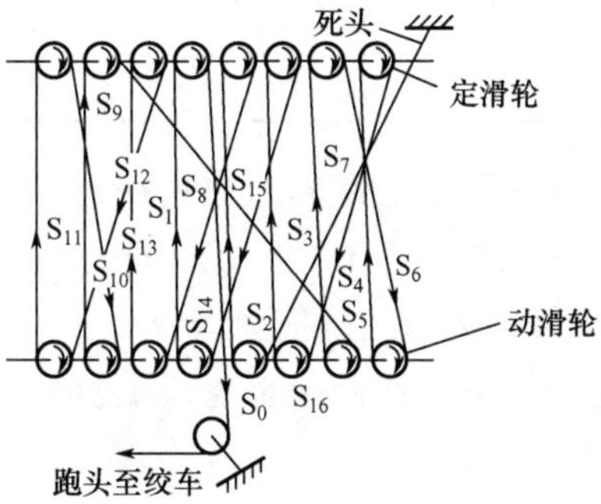	大花穿法的绳头可从中间开始绕入，也可从边上第一个滑轮穿入；死头都固定在定滑轮架上。钢丝绳在穿绕时的间隔滑轮数一般也是1～5个，但间隔穿绕的次数在三次以上。其穿绕方法较为复杂，相邻两滑轮的旋转方向可以是相同的［如大花穿法（一）］，也可以是相反的［如大花穿法（二）］
大花穿法（二）	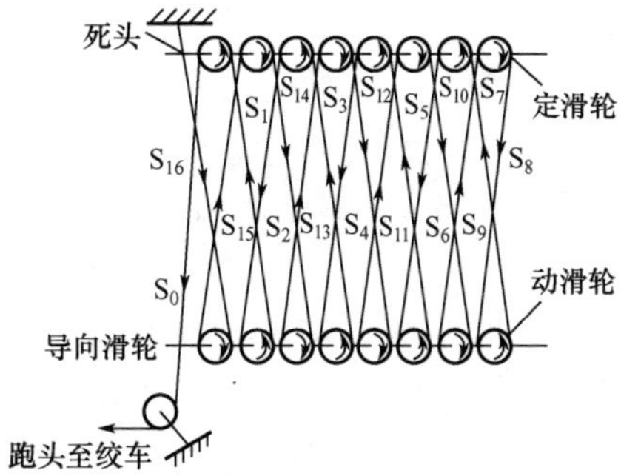	大花穿法的特点是滑轮组受力均匀，工作比较平稳，在大型构件或设备安装中常用此法。其缺点是穿绕工作比较复杂，要求定滑轮和动滑轮之间的最小距离要比顺穿法大一些，并且绳索在轮槽里的偏角应进行计算 按照大花穿法（二），牵引力约为7t，左四门滑轮与右四门滑轮钢丝绳的拉力只相差10kg左右，且相邻两滑轮的旋转方向是相反的，各分支钢丝绳的拉力接近平衡，所以采用这种穿法的工作效果更好

（3）使用滑轮组的规定

根据《建筑施工起重吊装安全技术规范》（JGJ 276—2012），滑轮和滑轮组的使用应符合下列规定：

1）使用前应检查滑轮的轮槽、轮轴、夹板、吊钩等各部件有无裂缝和损伤，滑轮转动是否灵活，润滑是否良好。

2）滑轮应按其标定的允许荷载值使用，见表 2－1－15。对起重量不明的滑轮，应先进行估算，并经负载试验合格后方可使用。

表 2－1－15　滑轮容许荷载

滑轮直径（mm）	容许荷载（kN）								钢丝绳直径（mm）	
	单门	双门	三门	四门	五门	六门	七门	八门	适用	最大
70	5	10	—	—	—	—	—	—	5.7	7.7
85	10	20	30	—	—	—	—	—	7.7	11
115	20	30	50	80	—	—	—	—	11	14
135	30	50	80	100	—	—	—	—	12.5	15.5
165	50	80	100	160	200	—	—	—	15.5	18.5
185	—	100	160	200	—	320	—	—	17	20
210	80	—	200	—	320	—	—	—	20	23.5
245	100	160	—	320	—	500	—	—	23.5	25
280	—	200	—	—	500	—	800	—	26.5	28
320	160	—	—	500	—	800	—	1000	30.5	32.5
360	200	—	—	—	800	1000	—	1400	32.5	35

3）滑轮组绳索宜采用顺穿法，但“三三”以上滑轮组应采用花穿法。滑轮组穿绕后，应开动卷扬机或驱动绞磨，慢慢将钢丝绳收紧和试吊，检查有无卡绳、磨绳的地方，以及绳间摩擦及其他部分是否运转良好，如有问题应立即修正。

4）滑轮的吊钩或吊环应与所起吊构件的重心在同一垂直线上。如因溜绳歪拉构件而使滑轮组歪斜，应在计算和选用滑轮组前予以考虑。

5）滑轮使用前后都应刷洗干净，并擦油保养。轮轴应经常加油润滑，严防锈蚀和磨损。

6）对重要的吊装作业、较高处作业或起重作业量较大时，不宜用钩型滑轮，应使用吊环、链环或吊梁型滑轮。

7）滑轮组的上下定、动滑轮之间应保持 1.5m 的最小距离。

8）滑轮、卷筒均应设有钢丝绳防脱装置。

9）暂不使用的滑轮应存放在干燥少尘的库房内，下面垫以木板，并应每三个月检查、保养一次。

（4）滑轮报废条件

根据《起重机械吊具与索具安全规程》（LD 48—1993），滑轮出现下列情况之一时应报废：

1）裂纹。

2）轮槽不均匀磨损达3mm。

3）轮槽壁厚磨损达原壁厚的20%。

4）滑轮槽底磨损，铸造滑轮达钢丝绳原直径的30%，焊接滑轮达钢丝绳原直径的15%。

5）滑轮轴磨损量达原直径的3%。

7. 吊钩、吊环

（1）吊钩

吊钩是吊装作业中最常用的取物装置，是各类起重机的重要组成部分。吊钩有单钩和双钩两种。吊钩应符合现行行业标准《起重机械吊具与索具安全规程》（LD 48—1993）中的相关规定。吊钩的一般要求如下：

① 吊钩缺陷不得焊补；吊钩表面应光滑，不得有裂纹、折叠、锐角、过烧等缺陷。

② 吊钩内部不得有裂纹和影响安全使用性能的缺陷。未经设计制造单位同意，不得在吊钩上钻孔或焊接。

③ 吊钩应设有钢丝绳防脱钩装置。

吊钩有锻造吊钩、C形吊钩和板钩三种。

1）锻造吊钩。

① 一般应采用DG20、DG20Mn、DG34CrMo、DG34CrNiMo、DG30Cr2Ni2Mo钢制造。

② 环眼吊钩应设有防止吊重意外脱钩的闭锁装置；其他吊钩宜设该装置。

2）C形吊钩（图2-1-34）。

① 应能保证在承载和空载时保持平衡状态。

② 多连C形吊钩的间距应能调节。

③ C形吊钩应有使卷材在吊运时不受损伤的保护措施。

3）板钩。

① 板钩一般应采用Q235-A、Q235-B或16Mn钢制造。

② 钩片的纵轴必须位于钢板的轧制方向，且钩片不允许拼接。

③ 板钩钩片应用沉头铆钉连接，而在板钩与盛钢桶耳轴接触的高应力弯曲部位不得用铆钉连接。

④ 叠片间不允许全封闭焊接，只允许有间断焊。

⑤ 吊运液态金属盛钢桶的板钩应在靠液态金属侧设置防热辐射的隔热板。

⑥ 板钩与盛钢桶耳轴的接触处及其上侧应设防磨板。

图2-1-34　C形吊钩

4）吊钩出现下列情况之一时应报废：

① 裂纹（焊接的C形吊钩焊缝裂纹修复后达到原性能要求的除外）。

② 危险断面磨损或腐蚀达原尺寸的10%。

③ 钩柄产生塑性变形。

④ 吊钩开口度比原尺寸增加15%。

⑤ 钩身的扭转角超过10°。

⑥ 当板钩产生吊挂盛钢桶不灵活的侧向变形时应进行检修；当钩片侧向弯曲变形半径小于板厚10倍时应报废钩片。

⑦ 板钩衬套磨损达原尺寸的50%时应报废衬套。

⑧ 板钩芯轴磨损达原尺寸的5%时应报废芯轴。

⑨ 板钩铆钉松弛或损坏，使板间间隙明显增大时，应更换铆钉。

⑩ 板钩防磨板磨损达原厚度的50%时应报废防磨板。

（2）吊环

吊环是吊装作业中的取物工具，也是起重机的一个部件。吊环一般用20钢或16Mn钢制造，表面应光洁，不应有刻痕、锐角、接缝和裂纹等现象。

吊环使用的安全要求：

1）吊环使用时必须注意其受力方向，垂直受力情况为最佳，纵向受力稍差，严禁横向受力。

2）吊环螺纹在旋转时必须拧紧，最好用扳手或圆钢用力扳紧，防止由于拧得太松吊索受力时打转，使物件脱落，造成事故。

3）使用两个吊环工作时，两个吊环面的夹角不得大于90°。

8. 卸扣

卸扣是起重作业中广泛使用的连接工具，常作连接起重滑轮、吊环或吊索一端绑扎物件之用。

（1）卸扣的种类

起重用卸扣分为D形卸扣和B形卸扣，代号分别为D和B。图2-1-35为卸扣形式示意图，图2-1-36所示为卸扣实物。卸扣的销轴常用的为W型（带环眼和台肩的螺纹销轴），用于拆卸频繁的场合。

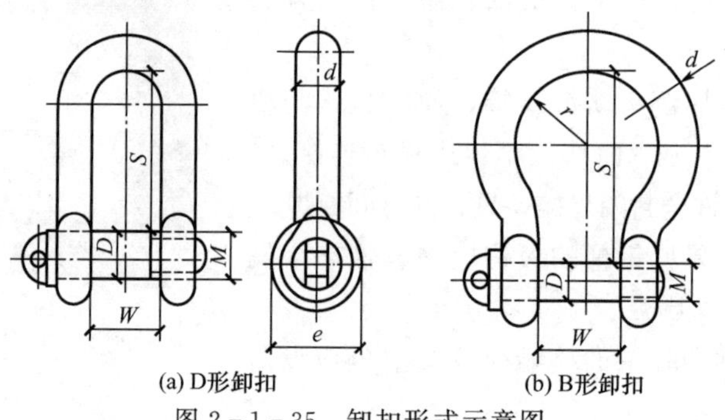

图2-1-35　卸扣形式示意图

图 2-1-36 卸扣实物

（2）卸扣的选择

在使用卸扣时可按相关标准查取卸扣号码和许用负荷直接选用，无法查找时可按下式估算卸扣的许用负荷选用：

$$G=60d^2$$

式中，G——允许使用的负荷重量（N）；

d——卸扣弯曲部分的直径（mm）。

（3）卸扣使用的安全要求

1）卸扣在使用时应注意作用在卸扣上的力的方向应符合卸扣的受力要求，否则会使卸扣的承载能力大大下降。

2）卸扣不应超载使用。

3）在安装横销轴时，螺纹旋足后应回旋半扣，横销应置于吊索的索扣上。

4）当卸扣任何部位产生裂纹、塑性变形、螺纹脱扣、销轴和扣体断面磨损达到原尺寸的3%～5%时应报废。

图2-1-37为卸扣使用示意图，图2-1-38所示为卸扣错误安装实例。

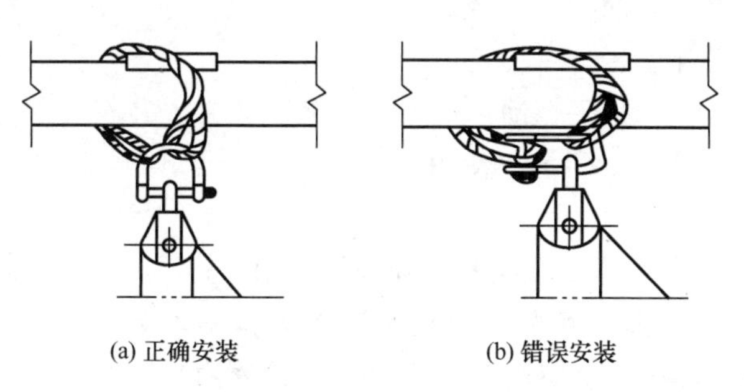

图 2-1-37 卸扣使用示意图

9. 起重、吊装设备

倒链（手动葫芦）、手扳葫芦、绞磨、千斤顶、桅杆式起重机的使用应符合《建筑施工起重吊装安全技术规范》（JGJ 276—2012）的规定。

图 2-1-38　卸扣错误安装实例

(1) 倒链(手动葫芦)

倒链(手动葫芦)如图 2-1-39 所示。

使用倒链(手动葫芦)应符合下列规定:

1) 使用前应进行检查，倒链的吊钩、链条、轮轴、链盘等应无锈蚀、裂纹、损伤，传动部分应灵活、正常，否则严禁使用。

2) 起吊构件至起重链条受力后，应仔细检查，确保齿轮啮合良好、自锁装置有效后方可继续作业。

3) 在-10℃以下时起重量不得超过其额定起重值的一半，其他情况下不得超过其额定起重值。

4) 应均匀和缓地拉动链条，并应与轮盘方向一致。不得斜向曳动，应防止跳链、掉槽、卡链现象发生。

5) 倒链起重量或起吊构件的重量不明时，只可一人拉动链条，如一人拉不动应查明原因，严禁两人或多人一齐猛拉。

6) 齿轮部分应经常加油润滑，棘爪、棘爪弹簧和棘轮应经常检查，严防制动失灵。

7) 倒链使用完毕后应拆卸、清洗干净，并上好润滑油，装好后套上塑料罩挂好，妥善保管。

图 2-1-39　倒链(手动葫芦)

(2) 手扳葫芦

手扳葫芦如图 2-1-40 所示。使用手扳葫芦应符合下列规定:

1) 应只限于吊装中收紧缆风绳和升降吊篮使用。

2) 使用前应仔细检查并确保自锁夹钳装置夹紧钢丝绳后能往复作直线运动，否则严禁使用。使用时，待其受力后应检查并确保运转自如，确认无问题后方可继续作业。

3) 用于吊篮时，应于每根钢丝绳处拴一根保险绳，并将保险绳的另一端固定于可靠的结构上。

4) 使用完毕后应拆卸、清洗、上油、安装复原，送库房妥善保管。

图 2-1-40　手扳葫芦

(3) 绞磨

图 2-1-41　绞磨

绞磨如图 2-1-41 所示。使用绞磨应符合下列规定：

1）应只限于在起重量不大、起重速度要求不高时和拔杆吊装作业中固定牵引缆风绳等使用。

2）牵引钢丝绳应从卷筒下方缠入，在绕 4～6 圈后从卷筒的上方退出。

3）绞磨必须放置平稳，绞磨架应用地锚固定牢靠，严格避免受力后发生跳高（悬空）、倾斜和滑动。

4）钢丝绳跑头应通过导向滑轮水平引入绞磨卷筒，跑绳应与磨芯中部成水平。绳尾应用人力拉梢并在木桩上绕一圈，始终保持拉紧状态。长出的多余钢丝绳应就地盘绕成圈，且圈内不得站人。拉梢人员应站在推杆旋转圈外。

5）作业人员应严格听从指挥，步调一致。严禁推杆人员踩踏起重钢丝绳。

6）中途停歇时必须用制动器制动，推杆应用撬棍固定，且不宜离手，绳尾应固定在地锚上。严禁绞磨高速反转。

7）重物下降时应转动推杆缓慢下降，严禁采用松动尾绳和绞磨高速反转的方法。

(4) 千斤顶

千斤顶是起重作业中常用的辅助工具，它结构简单，使用方便，工作时无振动冲击，多用于重物短距离升高和设备安装校正位置。千斤顶按照其结构形式和工作原理的不同可分为齿条式千斤顶、螺旋式千斤顶和液压式千斤顶三种。图 2-1-42 所示为齿条式千斤顶，图 2-1-43 所示为螺旋式千斤顶，图 2-1-44 所示为液压式千斤顶。

使用千斤顶应符合下列规定：

图 2-1-42　齿条式千斤顶

图 2-1-43　螺旋式千斤顶

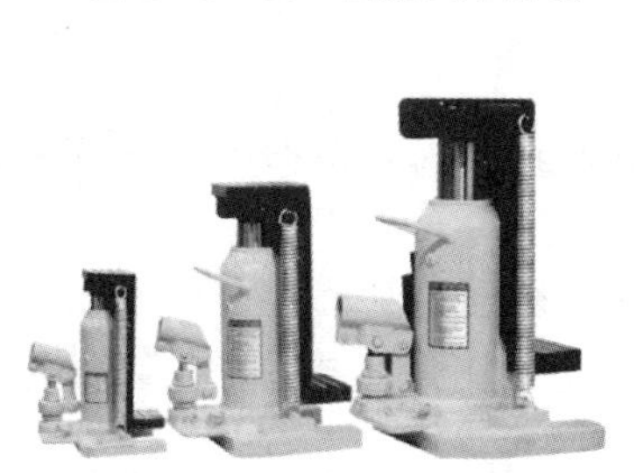
图 2-1-44　液压式千斤顶

1）使用前后应拆洗干净，损坏和不符合要求的零件应予以更换，安装好后应检查各部配件运转是否灵活，对油压千斤顶还应检查阀门、活塞、皮碗是否完好，油液是否干净，稠度是否符合要求。若在负温情况下使用，油液应不变稠、不结冻。

2）选择千斤顶时应符合下列规定：

① 千斤顶的额定起重量应大于起重构件的重量，

起升高度应满足要求，其最小高度应与安装净空相适应。

② 采用多台千斤顶联合顶升时，应选用同一型号的千斤顶，每台的额定起重量不得小于所分担构件重量的1.2倍。

3）千斤顶应放在平整坚实的地面上，底座下应垫以枕木或钢板，以加大承压面积，防止千斤顶下陷或歪斜。与被顶升构件的光滑面接触时，应加垫硬木板，严防滑落。

4）设顶处必须是坚实部位，荷载的传力中心应与千斤顶轴线一致，严禁荷载偏斜。

5）顶升时，应先轻微顶起后停住，检查千斤顶承力、地基、垫木、枕木垛是否正常，如有异常或千斤顶歪斜，应及时处理后方可继续工作。

6）顶升过程中不得随意加长千斤顶手柄或强力硬压，每次顶升高度不得超过活塞上的标志，且顶升高度不得超过螺栓杆丝扣或活塞总高度的3/4。

7）构件顶起后，应随起随搭枕木垛和加设临时短木块，短木块与构件间的距离应随时保持在50mm以内，严防千斤顶突然倾倒或回油。

（5）扒杆

扒杆也称桅杆，是简易起重设备，一般须配以滑轮和卷扬机进行起重作业。

1）扒杆的种类及特点。

扒杆可分为独脚扒杆、人字扒杆、三角扒杆和龙门扒杆四种形式。

独脚扒杆一般顶部绑扎固定有4～6根缆风绳及滑车组，底部设有导向滑轮。为便于移动，扒杆底部设有底座。

人字扒杆主要用于无需移动的重物升降或重物短距离的水平移动。两杆底脚宽度为扒杆高度1/3。人字扒杆的前后两面各设置有两根缆风绳，两根缆风绳之间的夹角为30°～50°。

三角扒杆架设灵活、稳定可靠，不需要缆风绳固定，可分为捆扎式和铰接式。

龙门扒杆由两副独脚杆加上横梁组成。扒杆两侧设置四根缆风绳，在横梁上安装起重滑车组。其优点是起重量大、工作平稳、安全可靠。

2）扒杆使用的安全要求：

① 一般木制扒杆起重量不应超过10t。

② 扒杆缆风绳必须按规定的绑扎法绑扎锁牢，保证长短一致、受力均匀。

③ 扒杆脚必须绑扎牢固，可垫木板底座。

④ 吊装前一般应进行试吊，起吊重物至距地面200～300mm，悬吊20min，检查捆绑处、固定处及滑车组、卷扬机等，正常后方可作业。

3）使用桅杆式起重机应符合下列规定：

① 桅杆式起重机应按国家有关规范规定进行设计和制作，经严格的测试、试运转和技术鉴定合格后方可投入使用。

② 安装起重机的地基、基础、缆风绳和地锚等设施必须经计算确定。缆风绳与地面的夹角应在30°～45°。缆风绳不得与供电线路接触，在电线附近应装设由绝缘材料制作的护线架。

③ 在整个吊装过程中应派专人看守地锚。每进行一段工作后或大雨后，应对桅杆、

缆风绳、索具、地锚和卷扬机等进行详细检查，发现有摆动、损坏等不正常情况时应立即处理解决。

④ 桅杆式起重机移动时，其底座应垫以足够的承重枕木排和滚杠，并将起重臂收紧于移动方向的前方，倾斜不得超过10°。移动时桅杆不得向后倾斜，收放缆风绳应配合一致。

⑤ 卷扬机的设置与使用应符合下列规定：

a. 卷扬机的基础必须平稳牢固，并设有可靠的地锚进行锚固，严格防止发生倾覆和滑动。

b. 导向滑轮严禁使用开口拉板式滑轮。滑轮到卷筒中心的距离，对于带槽卷筒应大于卷筒宽度的15倍，对于无槽卷筒应大于20倍，并确保当钢丝绳处在卷筒中间位置时应与卷筒的轴心线垂直。

c. 钢丝绳在卷筒上应逐圈靠紧，排列整齐，严禁互相错叠、离缝和挤压。钢丝绳缠满后不得超出卷筒两端挡板。严禁在运转中用手或脚去拉、踩钢丝绳。

d. 在制动操纵杆的行程范围内不得有障碍物。作业过程中，操作人员不得离开卷扬机，并禁止人员跨越卷扬机钢丝绳。

e. 手摇卷扬机只可用于小型构件吊装、拖拉吊件或拉紧缆风绳等。钢丝绳牵引速度应为0.5～3m/min，并严禁超过其额定牵引力。

f. 大型构件的吊装必须采用电动卷扬机，钢丝绳的牵引速度应为7～13m/min，并严禁超过其额定牵引力。

g. 卷扬机使用前应对各部分详细检查，确保棘轮装置和制动器完好，变速齿轮沿轴转动，啮合正确，无杂音，润滑良好，如有问题应及时修理解决，否则严禁使用。

h. 卷扬机应当安装在吊装区外，水平距离应大于构件的安装高度，并搭设防护棚，保证操作人员能清楚地看见指挥人员的信号。当构件被吊到安装位置时，操作人员的视线仰角应小于45°。

i. 起重用钢丝绳应与卷扬机卷筒轴线方向垂直，钢丝绳的最大偏离角不得超过6°，导向滑轮到卷筒的距离不得小于18m，也不得小于卷筒宽度的15倍。

j. 用于起吊作业的卷筒在吊装构件时，卷筒上的钢丝绳必须至少保留5圈。

k. 卷扬机的电气线路应经常检查，保证电动机运转良好，电磁抱闸和接地安全有效，无漏电现象。

任务2.2　选择起重吊点与绑扎吊装物体

2.2.1　物体吊点的选择

在吊装各种物体时，为避免物体倾斜、翻转、转动，应根据物体的形状特点、重心位置正确选择起吊点，使物体在吊运过程中有足够的稳定性，以免发生事故。

1. 试吊法选择吊点

在一般吊装工作中，多数起重作业并不需要用计算法准确计算物体的重心位置，而是估计物件重心位置，采用低位试吊的方法来逐步找到重心，从而确定吊点的绑扎位置。

2. 有起吊耳环的物件

对于有起吊耳环的物件，应以耳环作为连接物体的吊点。在吊装前应检查耳环是否完好，必要时可加保护性辅助吊索。

3. 长形物体吊点的选择

用一个吊点时，吊点位置应在距离起吊端 0.3L（L 为物体长度）处，如图 2-2-1 所示。

用两个吊点时，吊点距物体两端的距离为 0.2L，如图 2-2-2 所示。

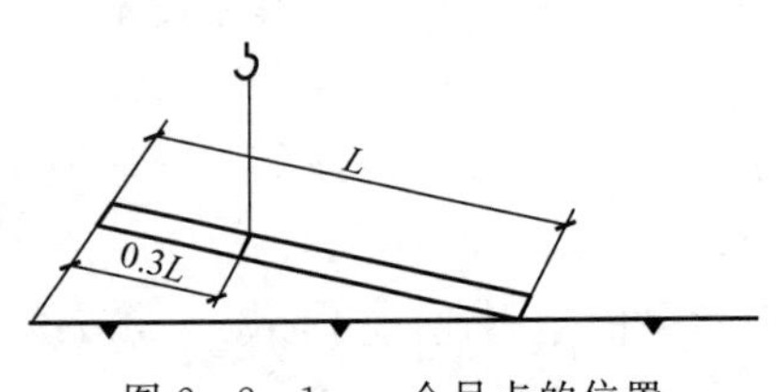

图 2-2-1　一个吊点的位置

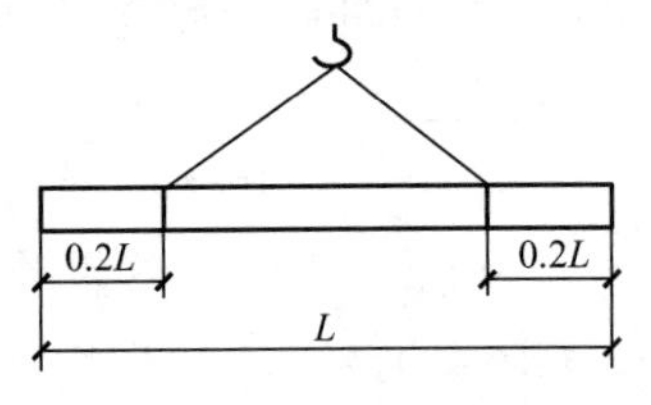

图 2-2-2　两个吊点的位置

用三个吊点时，其中两端的吊点与两个端点的距离为 0.13L，中间吊点的位置应在物体中心，如图 2-2-3 所示。

用四个吊点时，两端的两个吊点与两端的距离为 0.095L，中间两个吊点的距离为 0.27L，如图 2-2-4 所示。

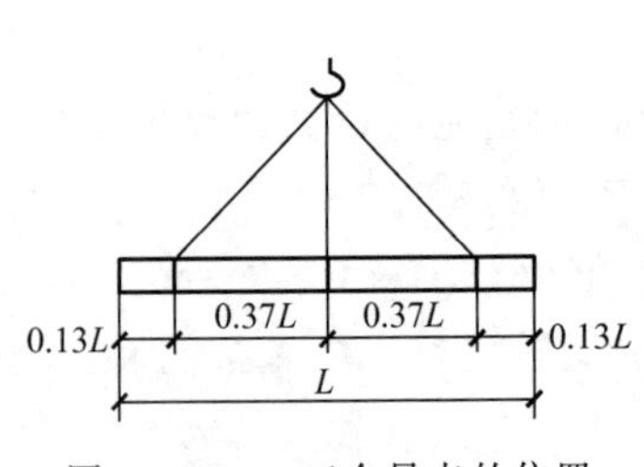

图 2-2-3　三个吊点的位置

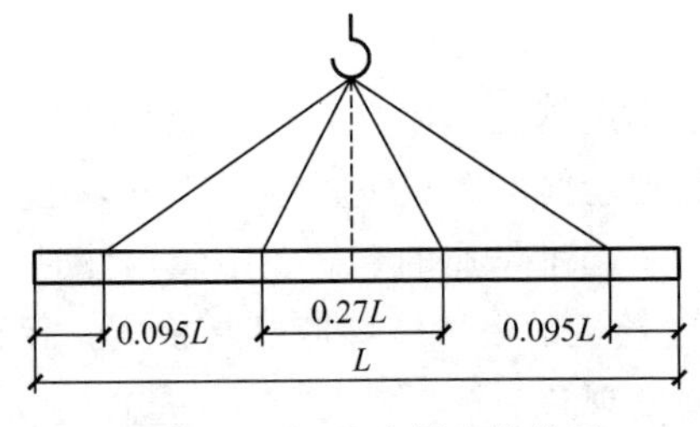

图 2-2-4　四个吊点的位置

4. 方形物体吊点的选择

吊装方形物体一般采用四个吊点，四个吊点应选择在四边对称的位置上，吊钩吊点应与吊物重心在同一条铅垂线上，使吊物处于稳定平衡状态。

5. 机械设备安装平衡辅助吊点

在机械设备安装精度要求较高时，为保证安全顺利地装配，可采用确定主吊点后选择辅助吊点配合简易吊具调节机件平衡的吊装法。通常采用环链手拉葫芦调节机体的水平位置。图 2－2－5 所示为调节平衡吊装法。

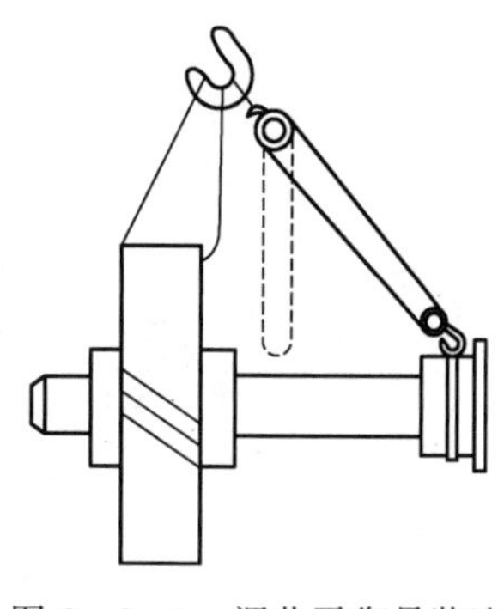

图 2－2－5　调节平衡吊装法

6. 两台起重机吊同一物体时吊点的选择

物体的重量超过一台起重机的额定起重量时，通常采用两台起重机使用平衡梁吊运物体的方法。图 2－2－6 所示为起重量相同时的吊点，图 2－2－7 所示为起重量不同时的吊点。使用此方法应满足以下两个条件：

1）被吊装物体的重量与平衡梁重量之和应小于两台起重机额定起重量之和，并且每台起重机的起重量应留有 1.2 倍的安全系数。

2）利用平衡梁合理分配荷载，使两台起重机均不超载。

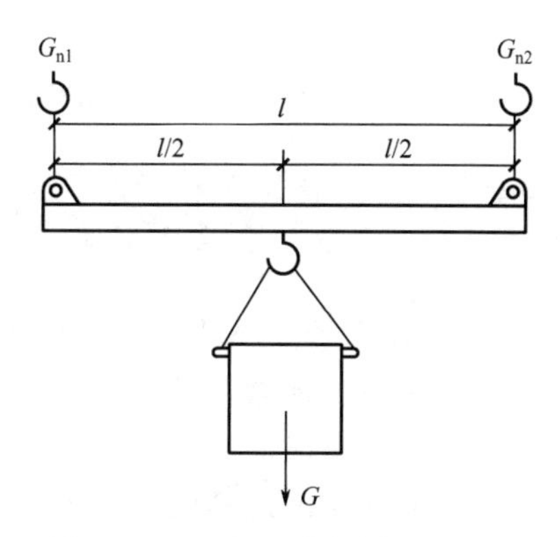

图 2－2－6　起重量相同时的吊点

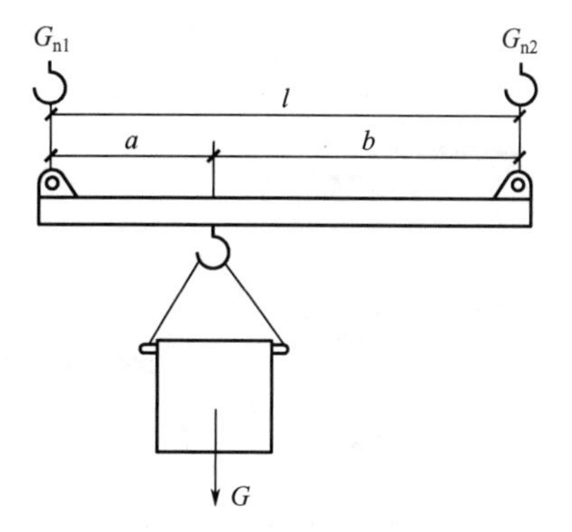

图 2－2－7　起重量不同时的吊点

当两台起重机同时吊运一个物体时，正确地指挥两台起重机统一动作是安全完成吊装工作的关键。

2.2.2　吊装物体的绑扎方法

1. 柱形物体的绑扎方法

（1）平行吊装绑扎法

平行吊装绑扎法一般有两种。一种是用一个吊点，仅用于短小、重量轻的物体。在绑扎前应找准物件的重心，使被吊装的物件处于水平状态，常采用单肢吊索穿套结索法吊装作业，同时根据所吊物体的整体性和松散性选用单圈或双圈结索法。图 2－2－8 所示为单、双圈穿套结索法。另一种是用两个吊点，绑扎在物件的两端，常采用双肢穿套结索法和吊篮式结索法。

（2）垂直斜形吊装绑扎法

垂直斜形吊装绑扎法多用于外形尺寸较长、对物件安装有特殊要求的场合。其绑扎法多为一点绑法（也可用两点绑扎）。绑扎位置在物体端部，采用双圈或双圈以上穿套

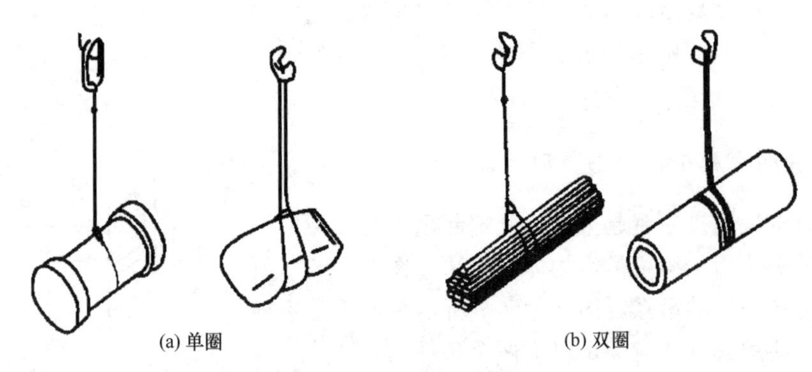

图 2-2-8　单、双圈穿套结索法

结索法，以防止物件起吊后发生滑脱。

2. 长方形物体的绑扎方法

通常采用平行吊装两点绑扎法。如果物件重心居中，可不用绑扎，而采用兜挂法直接吊装，如图 2-2-9 所示。

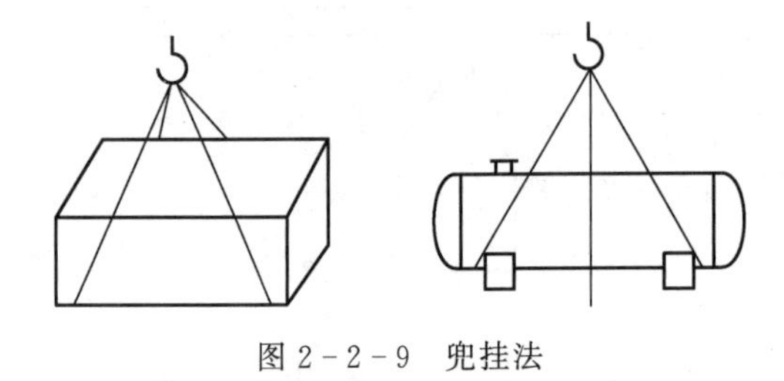

图 2-2-9　兜挂法

3. 绑扎安全要求和注意事项

1）绑扎用钢丝绳吊索、卸扣的选用要留有一定的安全余量，绑扎前必须进行严格检查，如发现损坏应及时更换，未达到报废标准时应在出现异常部位处做明显标记，作为继续检查的重点。

2）用于绑扎的钢丝绳吊索不得用插接、打结或绳卡固定连接的方法缩短或加长。绑扎时锐角处应加防护衬垫，以防止钢丝绳损坏造成事故。

3）绑扎后的钢丝绳吊索提升重物时，各分肢受力应均匀，肢间夹角一般不应超过 90°，最大时不得超过 120°。

4）采用穿套结索法，应选用足够长的吊索。

5）吊索绕过被吊重物的曲率半径应不小于该绳径的 2 倍。

6）绑扎吊运大型或薄壁物件时应采取加固措施。

7）注意风荷载引起的物体受力变化。

2.2.3　物体起重吊装方案的确定

起重作业是一项技术性强、危险性大、多工种人员相互配合、精心组织、统一指挥的特殊工种作业，所以必须对作业现场的环境、重物吊运路线及吊运指定位置、起重物重量和重心、起重物吊点是否平衡等进行分析、计算，制订合理的起重方案，以达到安全作业的目的。

1. 方案确定的主要依据

1）被吊运重物的重量。

2）被吊运重物的重心位置及绑扎。

3）起重作业现场环境情况。

2. 起重作业现场布置

1）施工现场的布置应尽量减少吊运跨度与装卸次数。

2）应考虑设备的运输、拼装、吊运位置。

3）根据扒杆垂直起吊的特点，合理选择扒杆竖立、移动、拆除位置和卷扬机的安装位置。

4）选定流动式起重机合适的吊装位置，使其能变幅、旋转、升高，以便顺利完成吊装作业。

5）整个作业现场的布置必须考虑施工的安全、司索指挥人员的安全位置及与周围物体的安全距离。

2.2.4　物体起重吊装的一般规定

根据《建筑施工起重吊装安全技术规范》（JGJ 276—2012），起重吊装的一般规定如下：

1）必须编制吊装作业施工组织设计，并应充分考虑施工现场的环境、道路、架空电线等情况。作业前应进行技术交底；作业中，未经技术负责人批准，不得随意更改起重吊装方案。

2）参加起重吊装的人员应经过严格培训，取得培训合格证书后方可上岗。

3）作业前应检查起重吊装所使用的起重机滑轮、吊索、卡环和地锚等，应确保其完好，符合安全要求。

4）起重作业人员必须穿防滑鞋、戴安全帽，高处作业应佩挂安全带，并应系挂可靠，严格遵守“高挂低用”。

5）吊装作业区四周应设置明显标志，严禁非操作人员入内。夜间施工必须有足够的照明。

6）起重设备通行的道路应平整、坚实。

7）登高梯子的上端应予固定，高空用的吊篮和临时工作台应绑扎牢靠。吊篮和工作台的脚手板应铺平、绑牢，严禁出现探头板。吊移操作平台时，平台上面严禁站人。

8）绑扎所用的吊索、卡环、绳扣等的规格应按计算确定。

9）起吊前应对起重机钢丝绳及连接部位和索具设备进行检查。

10）高空吊装屋架、梁和斜吊法吊装柱时，应于构件两端绑扎溜绳，由操作人员控制构件的平衡和稳定。

11）构件吊装和翻身扶直时的吊点必须符合设计规定。异形构件或无设计规定时，应经计算确定吊点，并保证使构件起吊平稳。

12）安装所使用的螺栓、钢楔（或木楔）、钢垫板、垫木和电焊条等的材质应符合设计要求的材质标准及国家现行标准的有关规定。

13）吊装大、重、新结构构件和采用新的吊装工艺时，应先进行试吊，确认无问题后方可正式起吊。

14）大雨天、雾天、大雪天及六级以上大风天等恶劣天气应停止吊装作业。事后应及时清理冰雪，并应采取防滑和防漏电措施。雨雪过后作业前应先试吊，确认制动器灵敏、可靠后方可进行作业。

15）吊起的构件应确保在起重机吊杆顶的正下方，严禁采用斜拉、斜吊，严禁起吊埋于地下或粘结在地面上的构件。

16）起重机靠近架空输电线路作业或在架空输电线路下行走时，必须与架空输电线始终保持不小于国家现行标准《施工现场临时用电安全技术规范》（JGJ 46—2005）规定的安全距离。当需要在小于规定的安全距离范围内进行作业时，必须采取严格的安全保护措施，并应经供电部门审查批准。

17）采用双机抬吊时，宜选用同类型或性能相近的起重机，负载分配应合理，单机荷载不得超过额定起重量的80％。两机应协调起吊和就位，起吊速度应平稳、缓慢。

18）严禁超载吊装和起吊重量不明的重、大构件和设备。

19）起吊过程中，在起重机行走、回转、俯仰吊臂、起落吊钩等动作前，起重司机应鸣笛示意。一次只宜进行一个动作，待前一动作结束后再进行下一动作。

20）开始起吊时，应先将构件吊离地面200～300mm，然后停止起吊，并检查起重机的稳定性、制动装置的可靠性、构件的平衡性和绑扎的牢固性等，待确认无误后方可继续起吊。已吊起的构件不得长久停滞在空中。

21）严禁在吊起的构件上行走或站立，不得用起重机载运人员，不得在构件上堆放或悬挂零星物件。

22）起吊时不得忽快忽慢和突然制动。回转时动作应平稳，回转未停稳时不得做反向动作。

23）严禁在已吊起的构件下面或起重臂下旋转范围内作业或行走。

24）对吊装中因故（天气、下班、停电等）未形成空间稳定体系的部分应采取有效的加固措施。

25）高处作业所使用的工具和零配件等必须放在工具袋（盒）内，严防掉落，并严禁上下抛掷。

26）吊装中的焊接作业应选择合理的焊接工艺，避免发生过大的变形。冬季焊接应有焊前预热（包括焊条预热）措施，焊接时应有防风防水措施，焊后应有保温措施。

27）已安装好的结构构件，未经有关设计和技术部门批准不得用作受力支承点和在构件上随意凿洞开孔，不得在其上堆放超过设计荷载的施工荷载。

28）永久固定的连接应经过严格检查，并确保无误后方可拆除临时固定工具。

29）高处安装中的电、气焊作业应严格采取安全防火措施，在作业处下面周围10m范围内不得有人。

30）对起吊物进行移动、吊升、停止、安装时的全过程应用旗语或通用手势信号进行指挥，信号不明不得启动，上下相互协调联系应采用对讲机。

31）严格遵守建筑工地起重吊装“十不吊”规定：

① 起重臂和吊起的重物下面有人停留或行走不准吊。

② 起重指挥应由技术培训合格的专职人员担任，无指挥或信号不清不准吊。

③ 钢筋、型钢、管材等细长和多根物件必须捆扎牢靠，多点起吊。单头“千斤”或捆扎不牢靠不准吊。

④ 多孔板、积灰斗、手推翻斗车不用四点吊或大模板外挂板不用卸甲不准吊。预制钢筋混凝土楼板不准双拼吊。

⑤ 吊砌块必须使用安全可靠的砌块夹具，吊砖必须使用砖笼，并堆放整齐。木砖、预埋件等零星物件要用盛器堆放稳妥，叠放不齐不准吊。

⑥ 楼板、大梁等吊物上站人不准吊。

⑦ 埋入地面的板桩、井点管等以及粘连、附着的物件不准吊。

⑧ 多机作业，应保证所吊重物距离不小于3m；在同一轨道上多机作业，无安全措施不准吊。

⑨ 六级以上强风区不准吊。

⑩ 斜拉重物或超过机械允许荷载不准吊。

任务2.3　建筑起重信号司索工作业与起重吊运指挥信号

2.3.1　建筑起重信号司索工安全作业

1）起重司索指挥人员必须是18周岁以上（含18周岁）、视力（包括矫正视力）在0.8以上、无色盲症、听力能满足工作条件的要求、身体健康者。

2）起重司索指挥人员必须经安全技术培训，考核合格并取得安全技术操作证后方可从事作业。

3）起重司索指挥人员必须熟悉所使用的起重机械的技术性能。

4）起重司索指挥人员不能干涉起重机司机对手柄或旋钮的选择。

5）负责荷载的重量估算和索具的正确选择。

6）作业前应对吊具和索具进行检查，确认合格后方可投入使用。

7）起吊重物前应检查连接点是否牢固可靠。

8）作业中不得损坏吊物、吊具和索具，必要时应在吊物与吊索的接触处加保护衬垫。

9）起重机吊钩的吊点应与吊重重心在同一铅垂线上，使吊重处于稳定平衡状态。

10）禁止人员站在吊物上一同起吊，严禁人员停留在吊重物下。

11）起吊重物时，司索指挥人员应与重物保持一定的安全距离。

12）应做到经常清理作业现场，保持道路畅通。

13）应经常保养吊具、索具，确保其使用安全可靠，延长使用寿命。

14）在高处作业时应严格遵守高处作业的安全要求。

15）捆绑后留出的绳头必须紧绕在吊钩或吊物上，防止吊物移动时挂住沿途人员或物件。

16）吊运成批零散物件时必须使用专用吊篮、吊斗等器具，并经常检查吊篮、吊斗等器具及其上吊耳与吊索连接处的情况。

17）吊重物就位前要垫好衬木，不规则物件要加支撑，保持平衡，物件堆放要整齐、平稳。

18）起重司索指挥人员作业时应佩戴鲜明的标志和特殊颜色的安全帽。

19）在开始指挥起吊负载时，用微动信号指挥；待负载离开地面 200～300mm 时，停止起升，进行试吊，确认安全可靠后方可用正常信号指挥重物上升。

20）指挥起重机在雨、雪天气作业时，应先进行试吊，确认制动器灵敏可靠后方可进行正常的起吊作业。

21）指挥人员选择指挥位置时应做到：

① 保证与起重机司机之间视线清楚。

② 在所指定的区域内应能清楚地看到负载。

③ 指挥人员应与被吊运物体保持安全距离。

④ 指挥人员不能同时看见起重机司机和负载时，应站到能看见起重机司机的一侧，并增设中间指挥人员传递信号。

22）起重机不应靠近架空输电线路作业。如遇特殊情况，必须在线路近旁作业时，应采取安全保护措施。起重机与架空输电导线的安全距离不得小于表 2－3－1 的规定。

表 2－3－1　起重机与架空输电导线的安全距离

输电导线电压（kV）	<1	1～15	20～40	60～110	220
允许沿输电导线垂直方向最近距离（m）	1.5	3	4	5	6
允许沿输电导线水平方向最近距离（m）	1	1.5	2	4	6

23）提升重物后严禁自由下降；重物就位时可用微动机构或利用制动器使之缓慢下降。

24）提升重物平稳后，在跨越障碍物时，重物底部应高出所跨越的障碍物 0.5m 以上。

25）起吊时不准用吊钩直接吊绕重物，必须用索具或专用器具。

26）长度不同的细长物件不允许一起捆扎吊运。捆扎细长物件时要捆扎两道以上，并且要有两个吊点。吊运过程中，吊运的物件应保持水平，不准偏斜，更不能使长度方向朝下，以免在吊运过程中重物由于自重或振动等原因从捆绑中滑落。

27）外形大或长的物件要有拽绳，以防止摆动。拽绳应在被吊物件的两端各设一条。

28）严禁将不同种类或不同规格型号的索具混在一起使用。

29）在起升过程中，当吊钩滑轮组接近起重臂5m时，应用低速起升，严防与起重臂顶撞。

30）严禁采用自由下降的方法下降吊钩或重物。当重物下降至距就位点1m处时，必须采用慢速就位。

31）起重机行走到距限位开关碰块约3m处，应提前减速停车。

32）多机作业时应避免各起重机在回转半径内重叠作业。在特殊情况下需要重叠作业时：应保证处于低位的起重机的臂架与另一台起重机的塔身之间至少有2m的距离；处于高位的起重机（吊钩升至最高点）与低位的起重机之间，在任何情况下，其垂直方向的间距不得小于2m。

33）工作结束后，所使用的绳索吊具应放置在规定的地点，加强维护保养。达到报废标准的吊具、索具要及时更换。

2.3.2　起重吊运指挥信号

起重吊运指挥信号按照《起重机　手势信号》（GB/T 5082—2019）的要求执行，现将其内容摘录如下。

附　《起重机　手势信号》（GB/T 5082—2019）

前　　言

本标准按照GB/T 1.1—2009给出的规则起草。

本标准代替GB/T 5082—1985《起重吊运指挥信号》，与GB/T 5082—1985相比，除编辑性修改外主要技术变化如下：

——修改了范围（见第1章，1985年版的“引言”）；

——增加了规范性引用文件（见第2章）；

——修改了术语和定义（见第3章，1985年版的第1章）；

——修改了手势信号的要求（见第4章，1985年版的第2章）；

——删除了司机使用的音响信号（见1985年版的第3章）；

——删除了信号的配合应用（见1985年版的第4章）；

——删除了对指挥人员和司机的基本要求（见1985年版的第5章）；

——删除了管理方面的有关规定（见1985年版的第6章）。

本标准使用翻译法等同采用ISO 16715：2014《起重机　用于起重机的手势信号》。

与本标准中规范性引用的国际文件有一致性对应关系的我国文件如下：

——GB/T 6974.1—2008　起重机　术语　第1部分：通用术语（ISO 4306-1：2007，IDT）

本标准做了下列编辑性修改：

——修改了标准名称；

——对图文做了分离，并对文字进行了编号。

本标准由中国机械工业联合会提出。

本标准由全国起重机械标准化技术委员会（SAC/TC 227）归口。

本标准起草单位：辽宁省安全科学研究院、北京起重运输机械设计研究院有限公司、北京起重运输机械设计研究院有限公司河南分院、河南省矿山起重机有限公司、河南卫华重型机械股份有限公司、上海市机械施工集团有限公司、佛山市南海区特种设备协会、长垣县市场监督管理局、江西起重机械总厂有限公司、河南巨人起重机集团有限公司。

本标准主要起草人：高诚、张培、宋绪鲜、曲大勇、任海涛、吴军、陈晓明、梁建新、王洪波、王光明、刘晓生、翟景运、马薇、尤建阳。

本标准所代替标准的历次版本发布情况为：

——GB/T 5082—1985。

起重机　手势信号

1　范围

本标准规定了用于起重机吊运操作的手势信号。

2　规范性引用文件

下列文件对于本文件的应用是必不可少的。凡是注日期的引用文件，仅注日期的版本适用于本文件。凡是不注日期的引用文件，其最新版本（包括所有的修改单）适用于本文件。

ISO 4306-1　起重机　术语　第1部分：总则（Cranes　Vocabulary　Part 1：General）

3　术语和定义

ISO 4306-1界定的以及下列术语和定义适用于本文件。

3.1　结束指令　cease operation；dogging

卸载后，长久或临时性停止指令。

3.2　回转　slewling；swinging

起重机基座静止，载荷绕轴水平运动。

3.3　运行　travel

起重机的整机（汽车式和轮式）移动。

4　手势信号的要求

4.1　总则

手势信号应符合下列要求：

a）手势信号应合理使用，并被起重机操作人员完全理解；

b）手势信号应清晰、简洁，以防止误解；

c）非特殊的单臂信号可以使用任何一只手臂表示（特殊信号可以用一只左手或右手表示）；

d）指挥人员应遵循以下规定：

1）处于安全位置；

2）应被操作人员清楚看见；

3）便于清晰观察载荷或设备；

e）操作人员接收的手势信号只能由一个人给出，紧急停止信号除外；

f）必要时，信号可以组合使用。

4.2　通用手势信号

4.2.1　操作开始（准备）

手心打开、朝上，水平伸直双臂。如图1所示。

4.2.2　停止（正常停止）

单只手臂，手心朝下，从胸前至一侧水平摆动手臂。如图2所示。

4.2.3　紧急停止（快速停止）

两只手臂，手心朝下，从胸前至两侧水平摆动手臂。如图3所示。

4.2.4　结束指令

胸前紧扣双手。如图4所示。

4.2.5　平稳或精确的减速

掌心对扣，环形互搓，如图5所示。这个信号发出后应配合发出其他的手势信号。

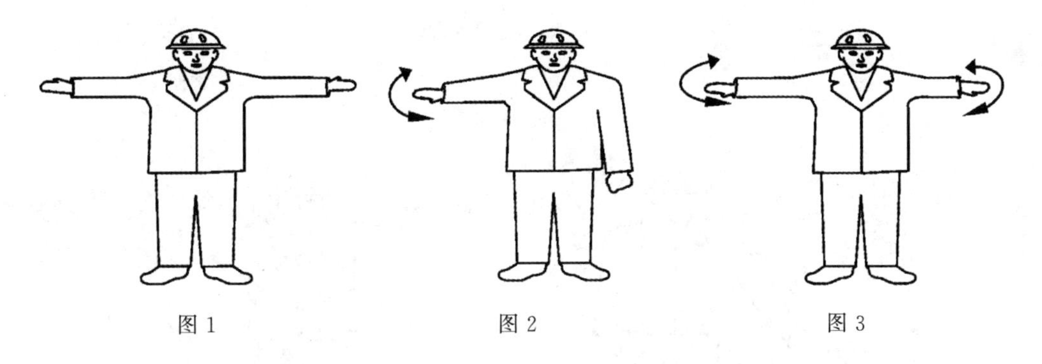

图1　　图2　　图3

图4

图5

4.3　垂直运动

4.3.1　指示垂直距离

将伸出的双臂保持在身体正前方，手心上下相对。如图6所示。

4.3.2　匀速起升

一只手臂举过头顶，握紧拳头并向上伸出食指，连同前臂小幅地水平划圈。如图7所示。

4.3.3　慢速起升

一只手给出起升信号，另外一只手的手心放在它的正上方。如图8所示。

4.3.4　匀速下降

向下伸出一只手臂，离身体一段距离，握紧拳头并向下伸出食指，连同前臂小幅地水平划圈。如图9所示。

4.3.5　慢速下降

一只手给出下降信号，另外一只手的手心放在它的正下方。如图10所示。

图6　　图7　　图8

图9　　图10

4.4　水平运动

4.4.1　指定方向的运行/回转

伸出手臂，指向运行方向，掌心向下。如图11所示。

4.4.2　驶离指挥人员

双臂在身体两侧，前臂水平地伸向前方，打开双手，掌心向前，在水平位置和垂直位置之间，重复地上下挥动前臂。如图12所示。

4.4.3　驶向指挥人员

双臂在身体两侧，前臂保持在垂直方向，打开双手，掌心向上，重复地上下挥动前臂。如图13所示。

4.4.4　两个履带的运行

在运行方向上，两个拳头在身前相互围绕旋转，向前如图14a）所示，或向后，如

图 14b）所示。

4.4.5 单个履带的运行

举起一个拳头，指示一侧的履带紧锁。在身体前方垂直地旋转另外一只手的拳头，指示另外一侧的履带运行。如图 15 所示。

4.4.6 指示水平距离

在身前水平伸出双臂，掌心相对。如图 16 所示。

4.4.7 翻转（通过两个起重机或两个吊钩）

水平、平行地向前伸出两只手臂，按翻转方向旋转 90°。如图 17a）和图 17b）所示。

注：足够的安全余量是每台起重机或吊钩能够承受瞬时偏载的保证。

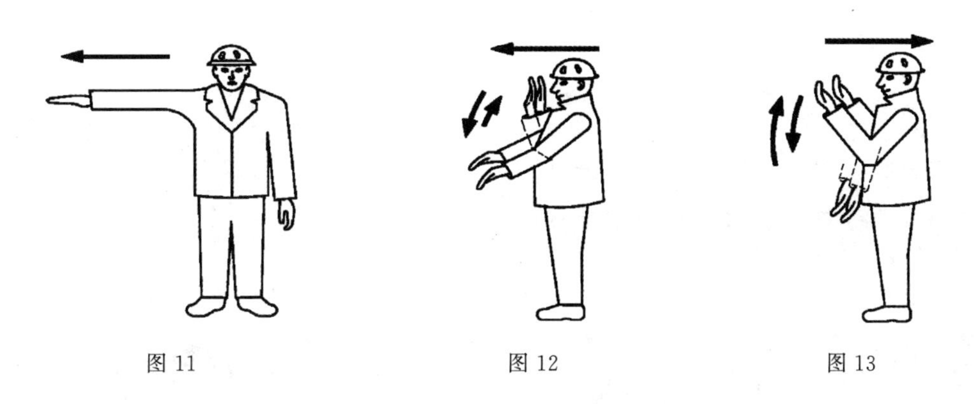

图 11　　图 12　　图 13

a)

b)

图 14

图 15

图 16

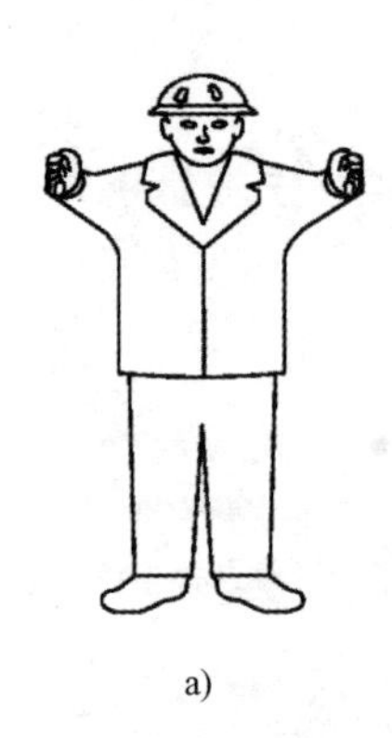

a)

b)

图 17

4.5 相关部件的运行

4.5.1 主起升机构

保持一只手在头顶，另一只手在身体一侧，如图 18 所示。在这个信号发出之后，任何其他手势信号只用于指挥主起升机构。当起重机具有两套或以上主起升机构时，指挥人员可通过手指指示的方式来明确数量。

4.5.2 副起升机构

垂直地举起一只手的前臂，握紧拳头，另外一只手托于这只手臂的肘部，如图 19 所示。在这个信号发出后，任何其他手势信号只用于指挥副起升机构。

4.5.3 臂架起升

水平地伸出手臂，并向上竖起拇指。如图 20 所示。

4.5.4 臂架下降

水平地伸出手臂，并向下伸出拇指。如图 21 所示。

4.5.5 臂架外伸或小车向外运行

伸出两只紧握拳头的双手在身前，伸出拇指，指向相背。如图 22 所示。

4.5.6 臂架收回或小车向内运行

伸出两只紧握拳头的双手在身前，伸出拇指，指向相对。如图 23 所示。

4.5.7 载荷下降时臂架起升

水平地伸出一只手臂，并向上竖起拇指。向下伸出另一只手臂，离身体一段距离，连同前臂小幅地水平划圈。如图 24 所示。

图 18

图 19

图 20

4.5.8　载荷起升时臂架下降

水平地伸出一只手臂，并向下伸出拇指。另一只手臂举过头顶，握紧拳头并向上伸出食指，连同前臂小幅地水平划圈。如图25所示。

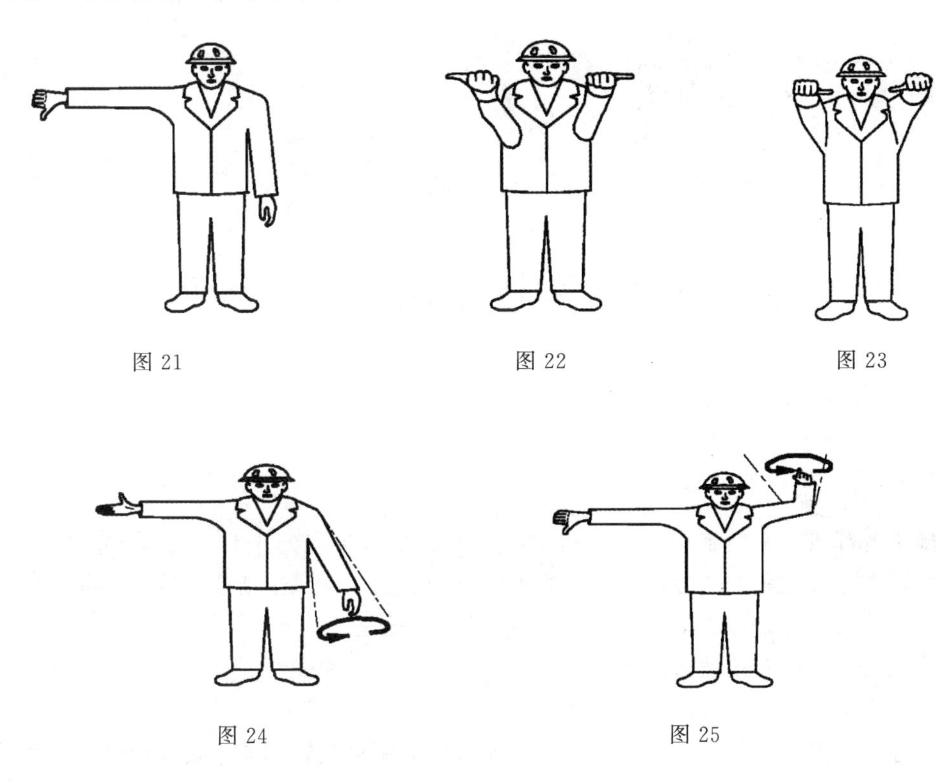

图21　图22　图23

图24　图25

附　录　A

(资料性附录)

起重吊具的控制

起重吊具的手势信号可用于指示吊具的特殊功能。以下是抓斗开闭的手势信号：

a）抓斗张开：双臂与肩平齐伸直，掌心向下。如图A.1所示。

b）抓斗关闭：手臂在身体正前方成一环形，十指平行相对。如图A.2所示。

图A.1　图A.2

岗位3

施工升降机司机

任务 3.1　掌握必备的基础知识

3.1.1　施工升降机的分类及技术参数

1. 施工升降机的分类

施工升降机（又叫施工梯）是指临时安装、带有导向的平台、吊笼或其他运载装置，并可在建设工程工地各层站停靠服务的升降机械，常用于新建建筑工地或者现有建筑物的施工中，用来运送工人及物料到各个不同的楼层。

施工升降机按其传动形式可分为齿轮齿条式、钢丝绳式和混合式三种。

（1）齿轮齿条式人货两用施工升降机

该施工升降机的传动方式为齿轮齿条式，动力驱动装置均通过减速器带动小齿轮转动，再由传动小齿轮和导轨架上的齿条啮合，通过小齿轮的转动带动吊笼升降，每个吊笼上均装有渐进式防坠安全器，如图 3-1-1 所示。

按驱动传动方式的不同，目前这种施工升降机有普通双驱动或三驱动型、变频调速驱动型和液压传动驱动型；按导轨架结构形式的不同，有直立式、倾斜式和曲线式。

1）普通施工升降机。普通施工升降机采用专用双驱动或三驱动电动机作动力，其起升速度一般为 36m/min。采用双驱动的施工升降机通常带有对重。其导轨架为由标准节通过高强度螺栓连接组装而成的直立结构形式，在建筑施工中广泛使用。

2）液压施工升降机。液压施工升降机由于采用了液压传动驱动并实现无级调速，启动、制动平稳，运行高速。驱动机构通过电动机带动柱塞泵产生高压油液，再由高压油液驱动马达运转，并通过减速器及主动小齿轮实现吊笼的上下运行。由于这种升降机噪声大、成本高，目前几乎不使用。

3）变频调速施工升降机。变频调速施工升降机由于采用了变频调速技术，可实现手控有级变速和无级变速，其调速性能优于液压施工升降机，启动、制动更平稳，噪声更小。其工作原理是：通过变频调速器改变进入电动机的电源频率，从而使电动机实现变速。

由于变频调速施工升降机具有良好的调速性能、较大的提升高度，故在高层、超高层建筑中得到广泛的应用。

4）倾斜式施工升降机。倾斜式施工升降机是为适应特殊形状的建筑物的施工需要而产生的，其吊笼在运行过程中应始终保持垂直状态，导轨架按建筑物的需要倾斜安装，吊笼两受力立柱与吊笼框制作成倾斜形式，倾斜度与导轨架一致。由于吊笼的两立柱、导轨架、齿条与吊笼都有一个倾斜度，故驱动装置布置形式呈阶梯状，如图 3－1－2 所示。导轨架轴线与垂直线的夹角一般不大于 11°。

图 3－1－1　齿轮齿条式施工升降机

图 3－1－2　倾斜式施工升降机

倾斜式施工升降机与直立式施工升降机在设计与制造上的主要区别是导轨架的倾斜度由底座的形式和附墙架的长短来决定。附墙架设有长度调节装置，以便在安装中调节附墙架的长短，保证导轨架的倾斜度和直线度。

5）曲线式施工升降机。曲线式施工升降机无对重，导轨架采用矩形截面或片状形式，通过附墙架或直接与建筑物内外壁面进行直线、斜线和曲线架设。该机型主要应用于以电厂冷却塔为代表的曲线外形的建筑物的施工中，如图 3－1－3 所示。

图 3－1－3　曲线式施工升降机

（2）钢丝绳式施工升降机

钢丝绳式施工升降机是采用钢丝绳提升的施工升降机，可分为人货两用和货用施工升降机两种类型。

1）人货两用施工升降机。人货两用施工升降机是用于运载人员和货物的施工升降机，它是由提升钢丝绳通过导轨架顶上的导向滑轮，用设置在地面上的曳引机（卷扬机）使吊笼沿导轨架作上下运动的一种施工升降机，如图 3-1-4 所示。

该机型每个吊笼设有具有防坠、限速双重功能的防坠安全装置，当吊笼超速下行或其悬挂装置断裂时，该装置能将吊笼制停并保持静止状态。

2）货用施工升降机。货运施工升降机是只用于运载货物、禁止运载人员的施工升降机（图 3-1-5），提升钢丝绳通过导轨架顶上的导向滑轮，用设置在地面上的卷扬机（曳引机）使吊笼沿导轨架作上下运动。该机设有断绳保护装置，当吊笼提升钢丝绳松绳或断裂时，该装置能制停带有额定载重量的吊笼，且不造成结构的严重损坏。额定提升速度大于 0.85m/s 的升降机安装有非瞬时式防坠安全装置。

图 3-1-4　钢丝绳式人货两用施工升降机

图 3-1-5　货用施工升降机

（3）混合式施工升降机

该机型为一个吊笼采用齿轮齿条传动，另一个吊笼采用钢丝绳提升的施工升降机，目前建筑施工中很少使用。

2. 施工升降机的型号编制方法

升降机的型号由类型、主参数和其他说明等的代号组成。例如：

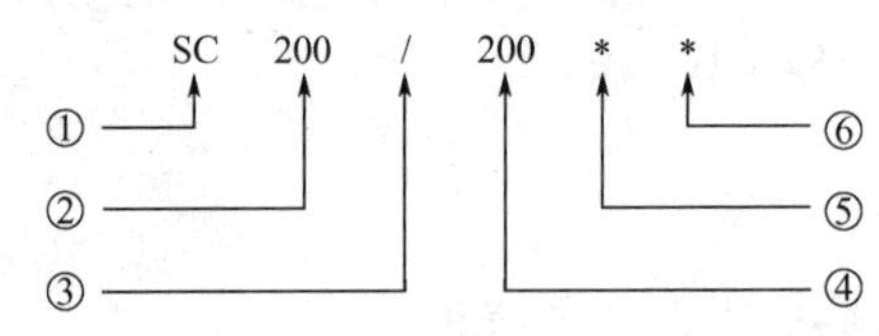

其中：

①“S”为组代号，表示施工升降机；“C”为型代号，表示齿轮齿条式（钢丝绳式

用“S”表示，混合式用“H”表示)。

②“200”表示施工升降机额定载重量为2000kg。

③“/”和④“200”表示双吊笼升降机，另一吊笼的额定载重量为2000kg。

⑤、⑥是升降机其他性能的说明。国内各生产企业都有自己的标注方式，通常标识升降机的提升速度或者具体运行方式。

另外，如果是带对重的升降机，在①和②之间加字母“D”标识。当导轨架为倾斜式或曲线式时，则在①和②之间加字母“Q”标识。

例如，齿轮齿条式升降机，双吊笼有对重，一个吊笼的额定载重量为2000kg，另一个吊笼的额定载重量为2500kg，提升速度为高速，可表示为：施工升降机SCD200/250GS，其中“GS”标识为高速。

3. 施工升降机的基本技术参数

施工升降机的基本技术参数主要有以下几个。

1) 额定载重量：工作工况下吊笼允许的最大荷载。

2) 额定提升速度：吊笼装载额定载重量，在额定功率下稳定上升的设计速度。

3) 吊笼净空尺寸：吊笼内空间的大小，即长×宽×高。

4) 最大提升高度：吊笼运行至上限位置时，吊笼底板与基础底架平面间的垂直距离。

5) 额定安装载重量：安装工况下吊笼允许的最大荷载。

6) 标准节尺寸：组成导轨架的可以互换的构件的尺寸大小(长×宽×高)。

7) 对重重量：有对重的施工升降机的对重重量。

注意：吊笼最多可载人数应按人均占用吊笼底板面积为0.2m^{2}计算，每个人的体重按75kg计算。

例如，1台施工升降机，单吊笼，额定载重量为2000kg，如果单纯载人，则只能装载24个人，而在进行安装/拆卸时，允许装载2000kg。升降机内部的平面尺寸是长3.2m，宽1.5m，使用空间高度为2.5m。

此升降机安装高度为200m，标准节规格为650mm×650mm×1508mm，总共需安装133节标准节，其中下端40节标准节立管的厚度为6.3mm，上面93节标准节立管的厚度为4.5mm。

此升降机采用变频调速，提升速度为0～96m/min，配置3台22kW电动机和90kW变频器。升降机的供电熔断器电流是153A。

升降机配置的安全器型号是SAJ50－2.0(表示额定负载为5t，标定动作速度为2.0m/s)，则升降机的主要技术参数大致如表3－1－1所示。

表3－1－1　升降机的主要技术参数示例

型　　号	SC200GS
额定载重量	2000kg(或24人)
额定安装载重量	2000kg

续表

安装高度	200m	
起升速度	0～96m/min	
电动机功率	3×22kW	
供电熔断器电流	153A	
变频器功率	90kW	
安全器型号	SAJ50－2.0	
吊笼内部面积（长×宽×高）	3200mm×1500mm×2500mm	
吊笼重量（含传动机构）	2500kg	
标准节规格	650mm×650mm×1508mm	
标准节数量	立管壁厚4.5mm	93节
	立管壁厚6.3mm	40节

3.1.2 施工升降机的基本构造和工作原理

1. 施工升降机的基本构造

施工升降机一般由金属结构、传动机构、安全装置和控制系统四部分组成，主要的机械构件有吊笼、传动机构（即拖动系统）、导轨架（标准节）、底架、外笼、附墙架、电缆导向装置、层门、对重、天轮、安全器、吊杆、电控系统和其他辅助系统等。图3－1－6为施工升降机构造示意图。

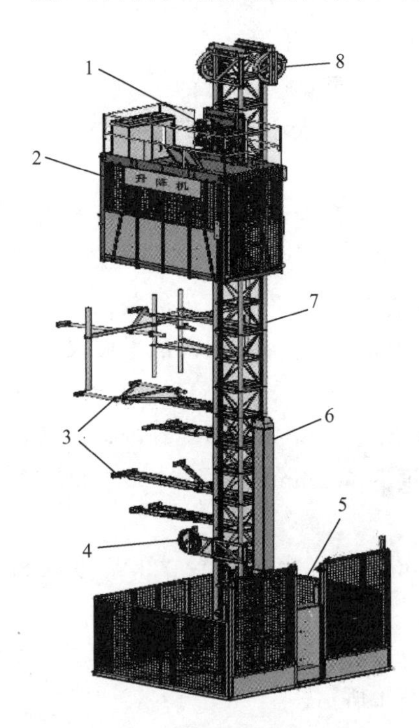

图3－1－6 施工升降机构造示意图

1. 传动机构；2. 吊笼；3. 附墙架；4. 电缆小车；5. 外笼；6. 对重；7. 导轨架；8. 天轮

2. 吊笼

吊笼是施工升降机的主要运动部件，用于装载运输人员或者货物。

吊笼为一个整体式长方体焊接钢结构，称为整体式吊笼，或者由多个钢结构通过装配组成（如模块式吊笼、拆分式吊笼），同时设有前后进出门或侧门（图3－1－7）。设侧门的升降机，吊笼上就没有专门供司机操作的驾驶室了。吊笼顶上四周有安全围栏，笼顶作为安装/拆卸的工作平台，笼顶上开有一天窗，可以使用吊笼内配带的小梯子上下。

吊笼门的形式有多种，通常在门上安装有滑轮，可以沿着吊笼上的滑道上下或左右滑动开启（图3－1－8）。

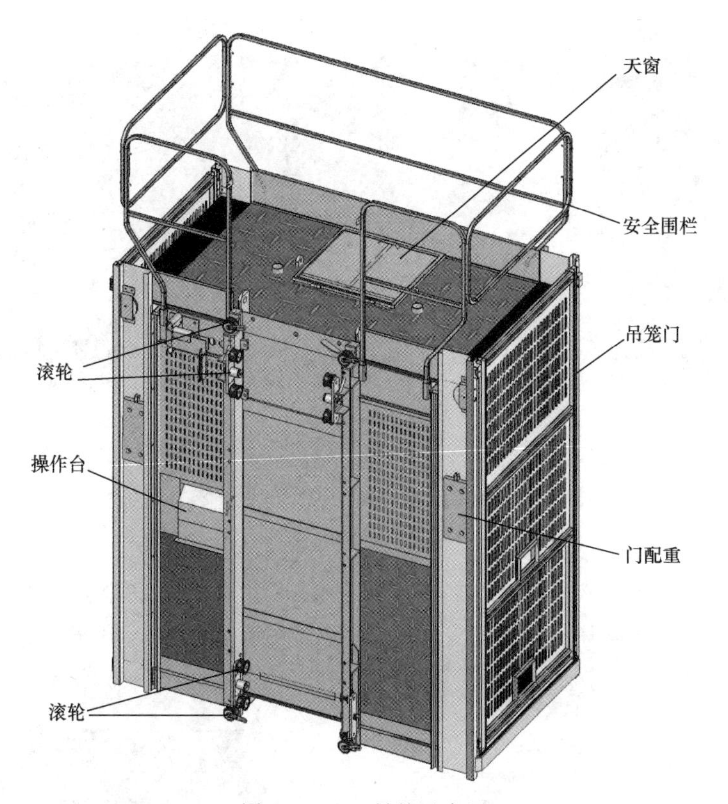

图 3-1-7 吊笼示意图

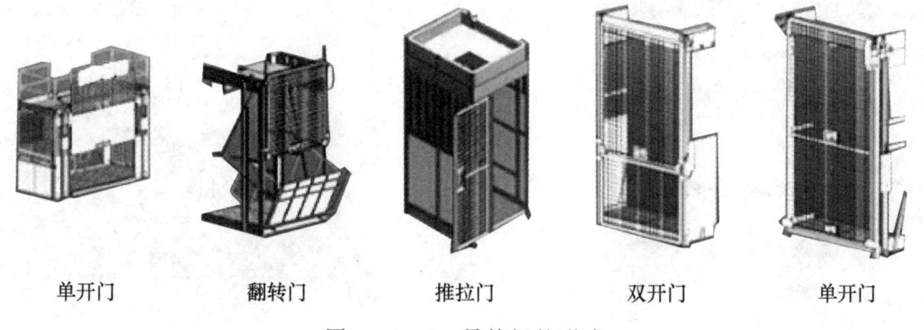

图 3-1-8 吊笼门的形式

1）翻转门，也是两扇门，上面一扇门往上开启，下面一扇门以下端为转轴往外翻转，两扇门自平衡重量。

2）推拉门，上下各一滑道或滚轮，可以向一侧或两侧开启。

3）双开门，即两扇门，分别往上或往下开启，两扇门自平衡重量。

4）单开门，通常往上开启，两侧加有配重块。

吊笼门上安装有机械门锁和电器行程开关双联锁装置（图 3-1-9），这样在运行过程中吊笼门无法从内部开启，只有到达相应的楼层位置时，通过安装在外笼或者层门上的开关板（或碰铁）来开启门锁；电器行程开关将吊笼门的状态（开启或关闭）信号发向电气控制箱，在门被打开（或未完全关闭）时升降机不允许启动运行。

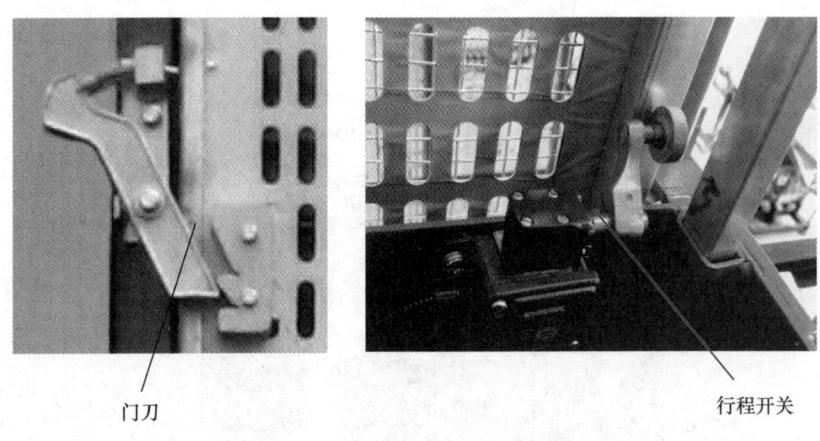

图 3-1-9　门刀和行程开关

吊笼上有两根立柱（也称大梁），立柱上安装有数套滚轮，因此吊笼能够抱住导轨架，并在其上作上下运行。吊笼上另外安装有至少一对安全保护钩，其作用是：如果上双滚轮螺栓损坏甚至折断，上双滚轮脱出并掉落之后，吊笼仍能保持在导轨架上（图 3-1-10）。

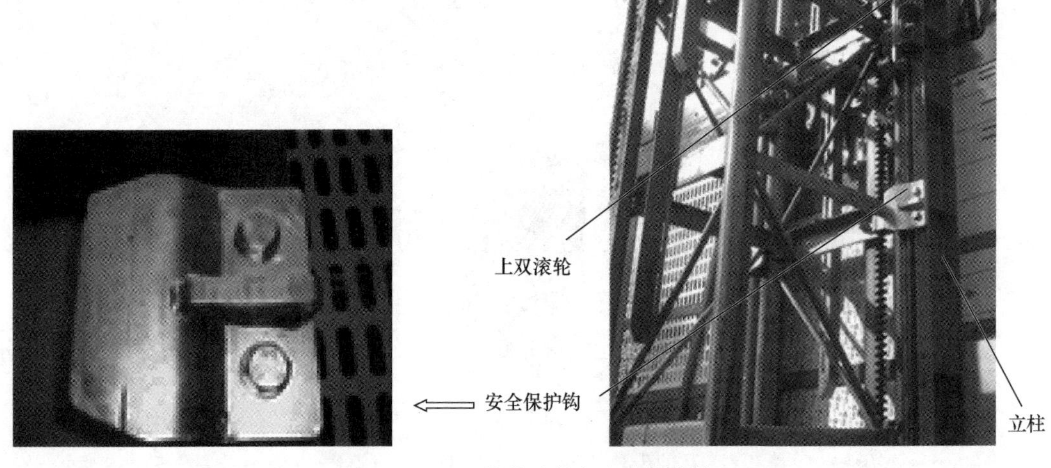

图 3-1-10　吊笼滚轮与安全保护钩

3. 传动机构

传动机构一般由电动机、减速机、电磁制动器、弹性联轴器、传动齿轮、安装大板、传动小车架和滚轮等组成，如图 3-1-11 所示。

传动机构与吊笼之间采用专用销轴连接，滚轮将整个传动机构锁定在导轨架上，使其只能沿导轨架上下运行。传动机构同样也安装至少一对安全钩，防止滚轮损坏时传动机构脱离导轨架。

传动机构通过减速机输出端齿轮与导轨架上的齿条啮合来带动传动机构和吊笼上下运行。

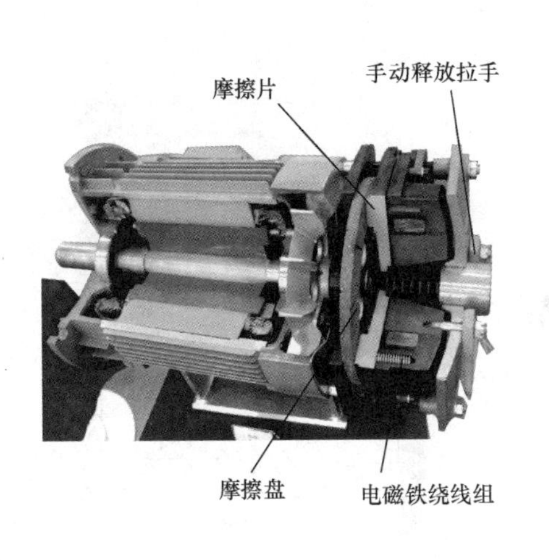

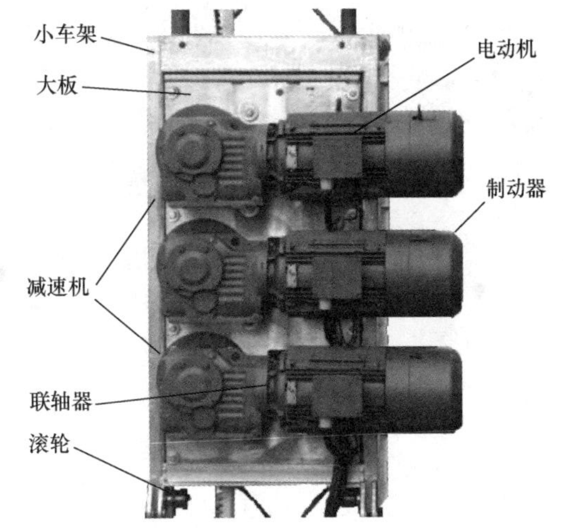

图 3-1-11　传动机构

每台升降机通常都是根据用户的要求（如足够的功率和扭矩、适合的安全系数等）配置电动机和减速机的，所以当电动机或减速机损坏时，不能擅自随意用其他电动机或减速机代替，应通知生产厂家协助处理。

注意：不同额定功率、不同额定转速的电动机不能组合使用。

在传动机构与吊笼之间连接有超载保护装置，能够检测出吊笼是否超载，当吊笼超载时会向操作者发出警报。

升降机使用的电动机均有失电制动功能，当通电工作时，电磁铁产生吸力，使摩擦片与摩擦盘脱离接触，电动机转动工作；当断电后，摩擦片在弹簧力的作用下重新压紧摩擦盘，使电动机转子不能转动。

电动机末端制动器上装有手动释放刹车装置，在紧急情况下用来释放刹车，下滑吊笼（图 3-1-12）。

图 3-1-12　手动释放刹车装置

4. 导轨架（标准节）

通常把吊笼上下运行的导轨称作导轨架，它是由多个标准节装配好齿条后用高强度螺栓连接而成的。标准节作为导轨架的主要构件，通常是可以实现互换的标准件。

最常见的标准节高度尺寸为 1508mm。

一般主要根据导轨架安装高度来选择标准节规格。比较常用的标准节规格是 650mm×650mm×1508mm，重量约为 140kg，其四条主支撑梁是 ϕ76 钢管，可以根据高度和载重要求采用不同厚度的钢管。图 3-1-13 所示是国内某施工梯生产厂商生产的一个标准节厚度配置。

主支撑钢管厚度通常随着高度的变化而变化，安装时要把主支撑钢管厚度较厚的标准节放置在下面，即从下到上由厚到薄安装。

单笼升降机的标准节只需要一根齿条，双笼升降机的标准节需要两根齿条。

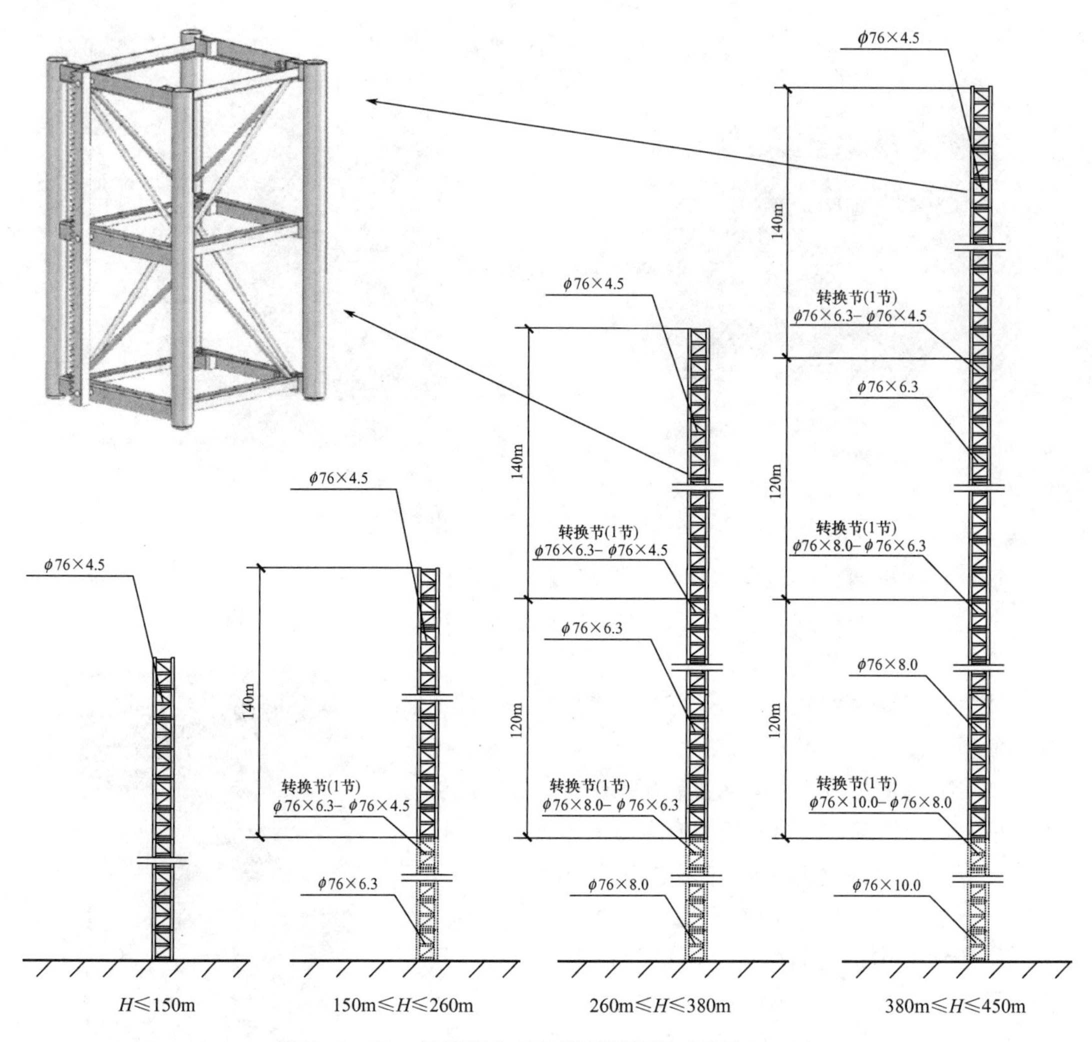

图 3-1-13　标准节主支撑管厚度配置（单位：mm）

注：H 为导轨架安装高度

不同厂家生产的标准节规格尺寸会有所不同，主要根据升降机的安装高度、载重量、安装环境及计算来选择，以下列出了几种供参考。

1）650mm×950mm×1508mm，可用于重型、超重型升降机。

2）450mm×450mm×1508mm，可用于轻型、小型升降机。

3）650mm×200mm×1508mm，可用于曲线梯和各种特殊安装环境。

4）180mm×180mm×1508mm 方管式，可用于小型升降机。

5）350mm×350mm×1508mm 三角形，可用于小型升降机。

常用标准节的规格见图 3-1-14。

5. 基础

升降机的基础要求能够承受整台升降机的重量和升降机运行时产生的冲击荷载，同

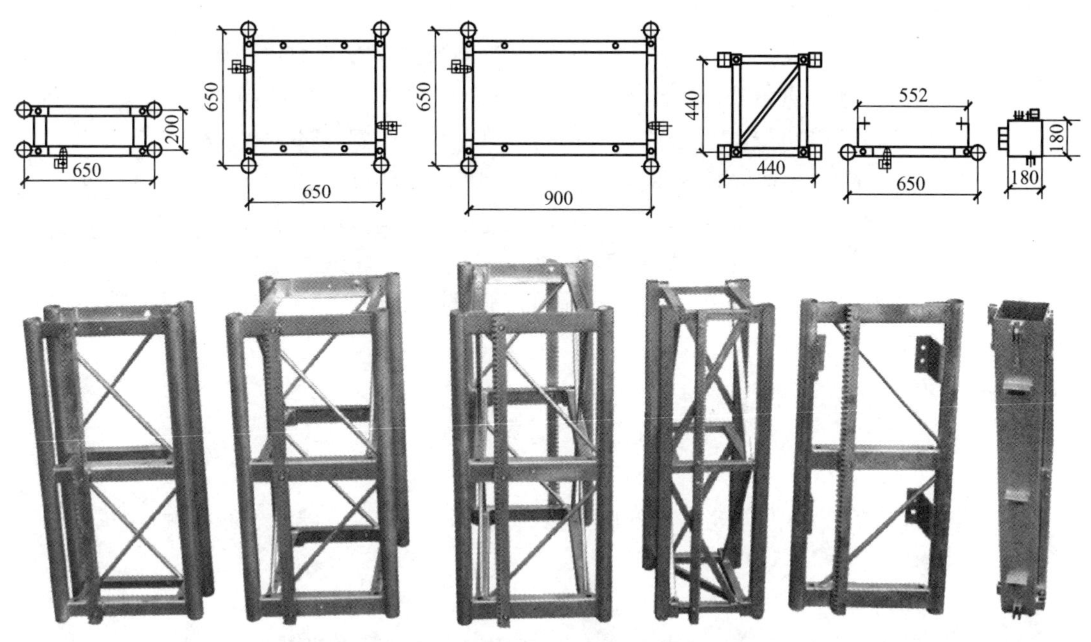

图 3-1-14 标准节的规格（单位：mm）

注：每节高度为 1508mm

时还要考虑当地的地震和季风情况等。

其基础可以是钢筋混凝土结构，也可以是钢结构基础，如图 3-1-15 所示。

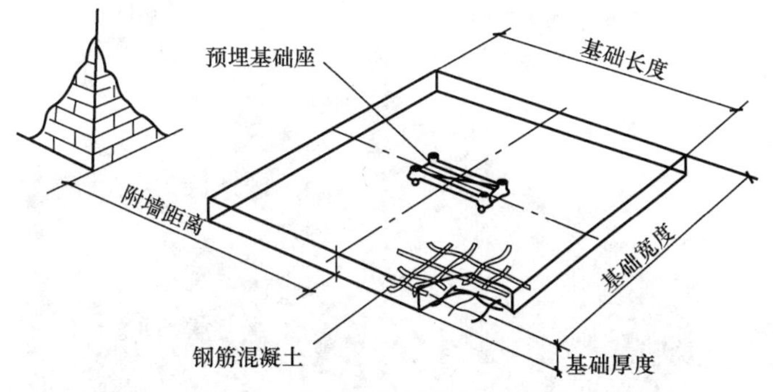

图 3-1-15 基础（钢筋混凝土结构）示意图

在制作基础之前一定要先计算基础的承载。通常，基础承载计算公式为

基础承载 P＝动载系数 n×(升降机自重 G_0＋载重 G_1)

升降机自重 G_0＝G_2(吊笼)＋G_3(外笼)＋G_4(导轨架)＋G_5(电缆导向装置)

注意：

1）附墙架因为固定在建筑物上，主要承力点在建筑物上，所以不包括在总自重内。

2）如果基础低于周边环境，应采取一些排水措施，以防积水。

例如，2008 年 1 月某建筑工地向某公司购买 1 台 SC200/200GZ 双笼施工升降机，安装高度为 150m，其基础承载计算如下：

1）载重 G_1＝2×2000＝4000(kg)。

2）吊笼重量 $G_2=2\times2800=5600$(kg)。

3）外笼重量。外笼包含前围栏、后围栏、左侧围栏、右侧围栏和底盘。

$$外笼重量\ G_3=580+360+300+300+300=1840(\text{kg})$$

4）导轨架。升降机安装高度为150m，导轨架由80节 $\phi76\times4.5$ 标准节和20节 $\phi76\times6$ 标准节组成，其总重 $G_4=80\times150+20\times170=15400$(kg)。

5）电缆导向装置。由电缆小车、保护架、挑线架和电缆等组成。

$$G_5=100+10\times25+15+2.13\times88+2.65\times82=770(\text{kg})$$

6）基础承载。安全系数取 $n=2$。施工升降机的基础承载

$$\begin{aligned}P&\geqslant2\times(G_1+G_2+G_3+G_4+G_5+G_6)\\&=2\times(4000+5600+1840+15400+770)\\&=55220(\text{kg})\\&\approx541.2(\text{kN})\end{aligned}$$

注意： 基础荷载 P 由外笼下端的底盘传给基础，底盘与基础属于面接触。

6. 外笼

为了确保在升降机运行时地面工作人员的安全，每台升降机都配置外笼。

外笼一般由前围栏、外笼门、电源柜、侧围栏、后围栏、检修门、底盘、门支撑、缓冲弹簧、弹簧座、门配重、吊笼门锁碰铁和行程开关等组成。外笼各组件如图3-1-16所示。

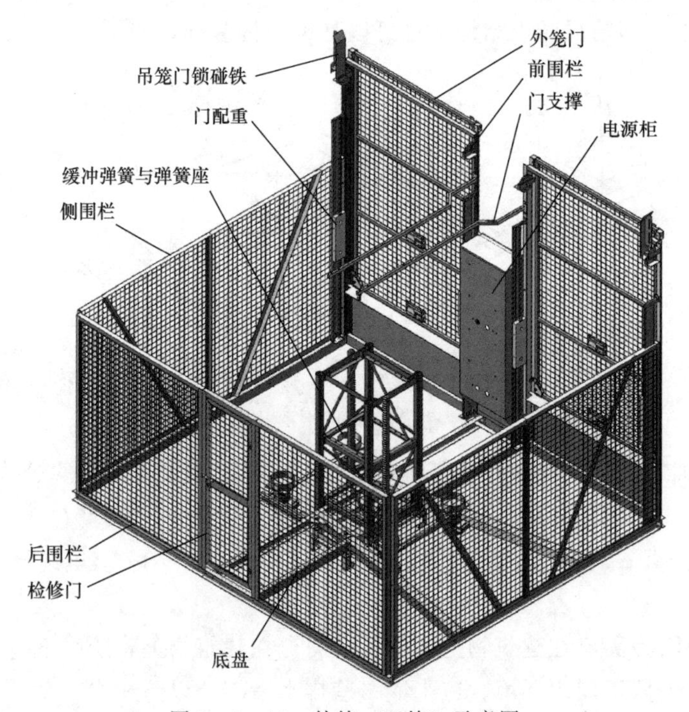

图3-1-16　外笼（双笼）示意图

在外笼门和检修门上都安装有门刀锁和行程开关，只有当升降机运行至底层外笼位置时，吊笼上的开关板碰开门刀锁后，外笼门才能打开（图3-1-17）；吊笼停止在停

层站时，若此时外笼门或检修门打开或未完全关闭，则电气控制箱会使吊笼不能启动上行。当吊笼在上面运行时，如果下面有人强行打开外笼门或检修门，则电气控制箱会切断吊笼电源，使其停止运行。人员进入吊笼的正下方空间是非常危险的，必须禁止。

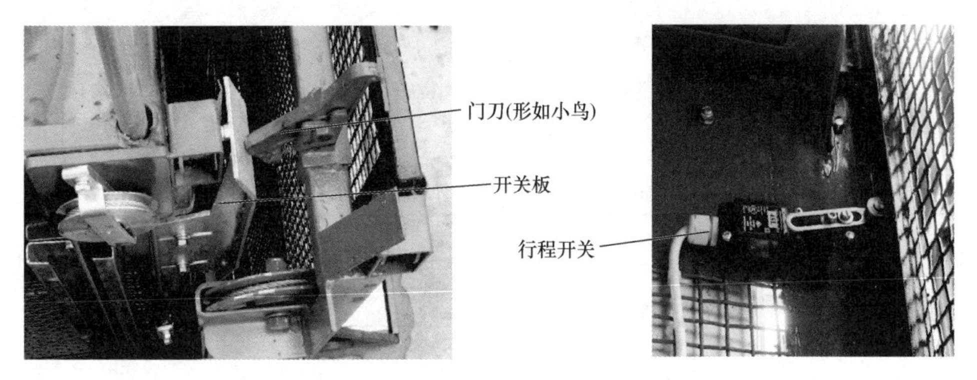

图 3-1-17　门刀与行程开关（俯视图）

门刀与碰铁的这种装置属于机械联锁，在没有电力的情况下依然能够正常工作；而限位行程开关与控制电路则属于电气联锁，如果切断主电源，就不能发送信号正常工作了。

门支撑起支撑、调整前围栏的作用。

7. 附墙架

附墙架用于固定导轨架，防止导轨架水平移动而造成整个导轨架的倾斜甚至倒塌。附墙架安装正确与否直接关系到导轨架的安全，特别是最顶端处的附墙架，尽管它本身的设计能够承受各种工况和环境因素影响等造成的任何荷载。

附墙架形式是根据所选升降机类型和现场的具体安装状况选用的，而且附墙架通常都是可以调节距离的，因为每一个安装点到导轨架的距离不可能绝对相等。

附墙架与墙体（建筑物）的连接通常有如图 3-1-18 所示的几种形式。

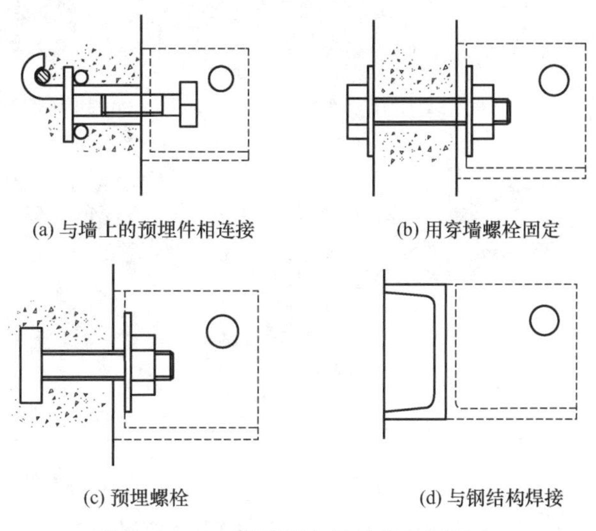

图 3-1-18　附墙架与墙体的连接形式

一般来说，各个生产企业提供的使用说明书均规定了附墙架作用于建筑物上的力 F 的计算方法，如果没有，也可以采用下面的公式计算：

$$F=\frac{L\times 60}{B\times 2.05}(\mathrm{kN})$$

式中，L——附墙距离；

B——附墙架与建筑物固连的两个受力点的距离。

L 和 B 的取值因型号而异，参见表 3－1－2。

表 3－1－2　L、B 的取值（mm）

附墙架型号	L	B
Ⅰ、Ⅱ	2900～3600	1430
Ⅲ	1800～2100	650
Ⅳ	1800～2500 2700～3500	1000～1570
Ⅴ	1800～2100 2200～2500	540

注意：

1）每间隔一定距离（按规定，通常是 6～10.5m）必须安装一套附墙架。

2）顶端悬臂高度应控制在结构允许受力的范围内。

3）安装时必须锁紧各连接扣件、螺栓或销轴等。

几种形式的附墙架连接示意图如图 3－1－19 所示。

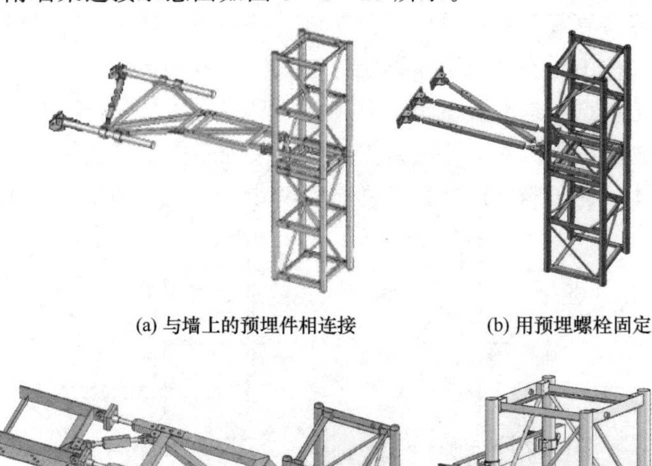

(a) 与墙上的预埋件相连接　　(b) 用预埋螺栓固定

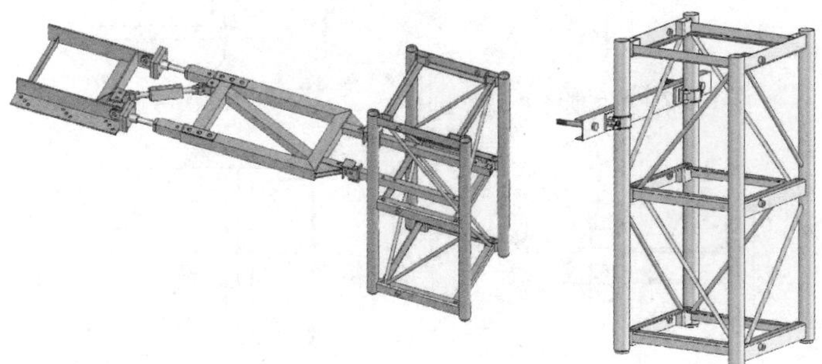

(c) 与钢结构焊接　　(d) 用穿墙螺栓固定

图 3－1－19　附墙架的连接示意图

8. 电缆导向装置

电缆导向装置使接入吊笼内的电缆随线在吊笼上下运行时不偏离电缆通道，保持在工作规定的位置，确保供给吊笼的电力正常。

导向装置是施工升降机的可选配件，工地及使用单位会根据现场情况（如导轨架安装高度）为施工升降机选择合适的电缆导向装置。由于电缆是柔性体，导向装置在设计时已尽量使电缆在多种极端情况下避免与施工梯上的其他部件发生碰撞、挂扯，但在日常工作中仍要经常留意和检查它的运行情况。

电缆导向装置通常有电缆筒、电缆小车、电缆滑车和电缆滑触线四种，其使用说明见表3-1-3。

表3-1-3　电缆导向装置使用说明

分　类	使用说明
电缆筒	圆筒状（筒的大小和高度由安装高度和使用的电缆规格决定） 电缆下端一头直接由外线接入，上端一头固定在托架上，整体卷放在筒内；当升降机向上运行时，电缆从筒内被抽出，向下运行时，电缆在自身圈绕惯性及重力的作用下自动卷入筒内；电缆筒固定在外笼底盘上
电缆小车	电缆小车主要由滚轮、框架和大滑轮组成 当升降机向上运行时，电缆带着电缆小车向上运行，升降机向下运行时，电缆小车带着电缆随着向下运行；不管是向上还是向下，电缆都处于拉紧状态；电缆小车可以安装在吊笼正下方或导轨架吊笼的对面
电缆滑车	电缆滑车主要由工字钢导轨、滑车架、大滑轮和导轨支撑组成 工字钢导轨固定在外笼底盘上，并支撑固定在导轨架侧面，沿着导轨架安装，比导轨架一半的高度高3m。滑车架可以沿着工字钢导轨作上下运行；滑车架上装有大滑轮，电缆的穿线方法和使用情况与采用电缆小车相同。双笼时两个滑车架需要共用一条工字钢导轨
电缆滑触线	电缆滑触线主要由带电绝缘导轨、导电接触头和导轨支撑组成 带电绝缘导轨固定支撑在导轨架侧面，安装至与导轨架相同的高度，带电绝缘导轨下端与接入电缆接连 导电接触头固定在吊笼上，在吊笼上下运行过程中始终与带电绝缘导轨接触

（1）电缆筒

电缆筒形式简单，成本低廉，但受导轨架安装高度、升降机运行速度的限制，且环境风力对其影响较大。安装高度过高时，电缆本身重量太大，容易拉断，一般要求安装高度不超过100m。速度太快时，电缆无法顺畅回收到筒内。当环境风力较大时，电缆晃动幅度也较大，可能会使电缆无法回收到筒内（图3-1-20）。

图3-1-20　电缆筒

（2）电缆小车

它运行在吊笼的正下方。电缆小车的工作形式属于动滑轮机制，小车也是通过若干个滚轮锁定在导轨架内上下运行（图3-1-21）。

电缆的走线方向是从外笼电源箱接入后，先经导轨架内侧中心向上延伸，至导轨架高度中部左右的位置，再通过挑线架向外侧伸出，然后垂直向下绕过电缆小车的大滑轮再向上，最后通过托线架引入吊笼内的电控箱。

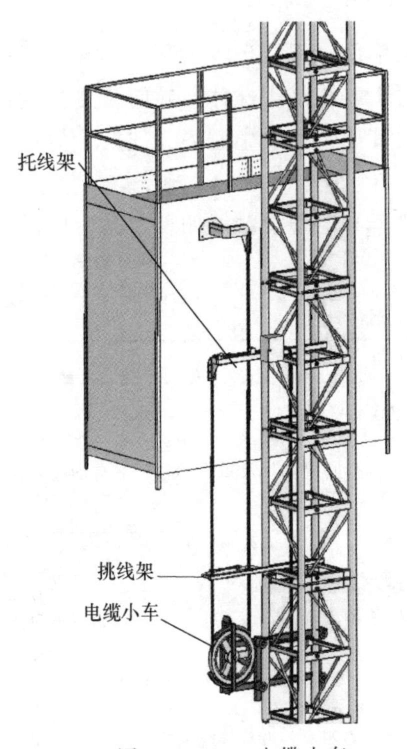

图 3-1-21　电缆小车

电缆小车自身没有动力，需要电缆作为牵引拉动。当吊笼处于地面层时，小车紧跟着吊笼向下运行；当吊笼上升至中间高度时，小车大约处于1/4高度；当吊笼升至最高时，小车则上升到中间高度。小车的运动速度正好是吊笼速度的一半。

电缆小车是目前使用最广泛的一种电缆导向装置。电缆小车可以安装在导轨架吊笼下方，也可以安装在导轨架吊笼对面。

电缆小车有两个主要的缺点：

1）牵引时受力点与小车重心不一致，运动时受力总是偏重于大滑轮侧。如果有太多沙尘和油泥沾在导轨架上，或小车滚轮与导轨架间隙太小，小车在运行时可能会发生卡阻，造成电缆被拉断。

2）要求对应的外笼门槛高度相对较高，一般为0.45～1.5m，因此安装前做基础时需要挖出深坑或搭建一个很陡的斜坡平台。

（3）电缆滑车

电缆滑车结构更复杂，成本也较高。因为滑车架是在自己专用的导轨上运行，相对电缆小车借用导轨架造成不平衡的工作方式而言，电缆滑车不容易发生卡阻问题（图3-1-22）。

电缆滑车适用于环境比较恶劣等有特殊要求的场合。

（4）电缆滑触线

电缆滑触线结构最复杂，安装的直线度、对接等的要求较高，成本比较高。但是因为它不受电缆长度、重量的影响和限制，且导电接触头与带电绝缘导轨之间的导电面积可以做得比较大，压降比较小，所以安装高度可以相对较高。因为不需要承担电缆的重量，所以吊笼负载能力比前三种电缆导向装置都好（图3-1-23）。

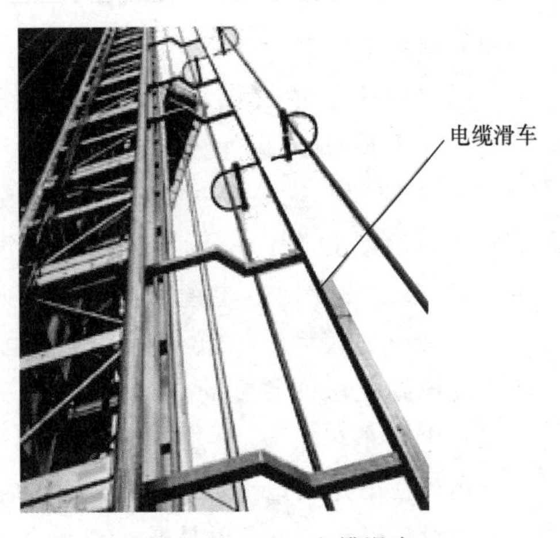

图 3-1-22　电缆滑车

除电缆滑触线形式外，前三种形式的电缆导向装置均会在导轨架的垂直方向上每隔6m左右安装一个电缆保护架（图3-1-22中的S形物件），作用是保护电缆，使其在

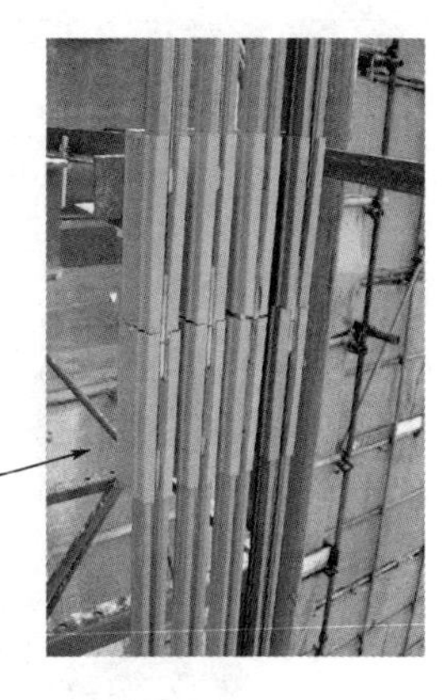

图 3-1-23 电缆滑触线

风力的影响下及当吊笼上下穿行时不会改变自身的垂直度。

9. 层门

为了确保升降机运行安全和现场使用者的安全，在楼层上的每个停层位置都安装了层门。与普通的门不一样，层门通常具备下面几个基本特点：

1）层门总是由司机或搭乘人员向楼层内侧方向打开，否则吊笼可能会与门发生碰撞；要求配有电气联锁装置，当层门被打开或未完全关闭时，吊笼不允许启动。

2）配置有机械联锁装置，只有当吊笼准确停靠在停层位置时层门才能打开（在紧急情况下，司机或维修人员可以在外侧用特殊工具打开层门）。

3）具有足够的强度，保证人手或其他物件不能轻易穿过层门。

4）当升降机在停层位置时，吊笼门槛与层门槛间的空隙通常不大于 50mm。

5）如层站设有侧面防护装置，则吊笼与侧面防护装置之间的最小间距应为 100mm。

层门结构形式可以是多种多样的，如双开门、单开门、左右推拉门和自动门等。图 3-1-24 所示是一种标准型的层门。

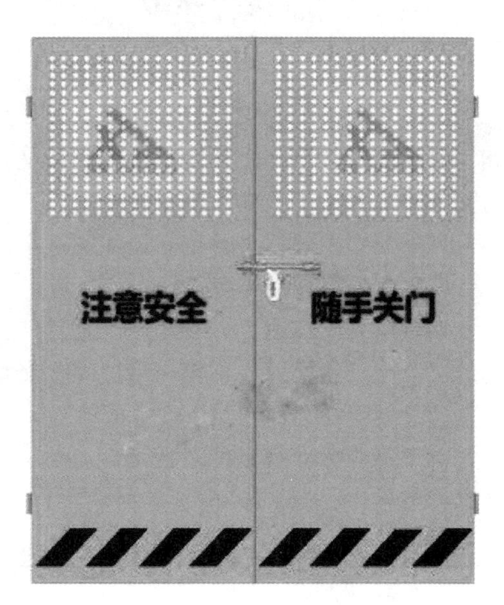

图 3-1-24 层门

10. 对重系统

使用对重的目的是平衡吊笼重量。使用适当的对重可以平衡一部分吊笼重量，从而降低拖动系统（电动机、减速机和变频器等）的配置，提高升降机运行速度，延长各传动部件的使用寿命，或者是在不改变电气配置的情况下提高升降机的载重量。

对重系统通常包括对重、天轮、钢丝绳和带导轨的标准节等（图 3-1-25)。

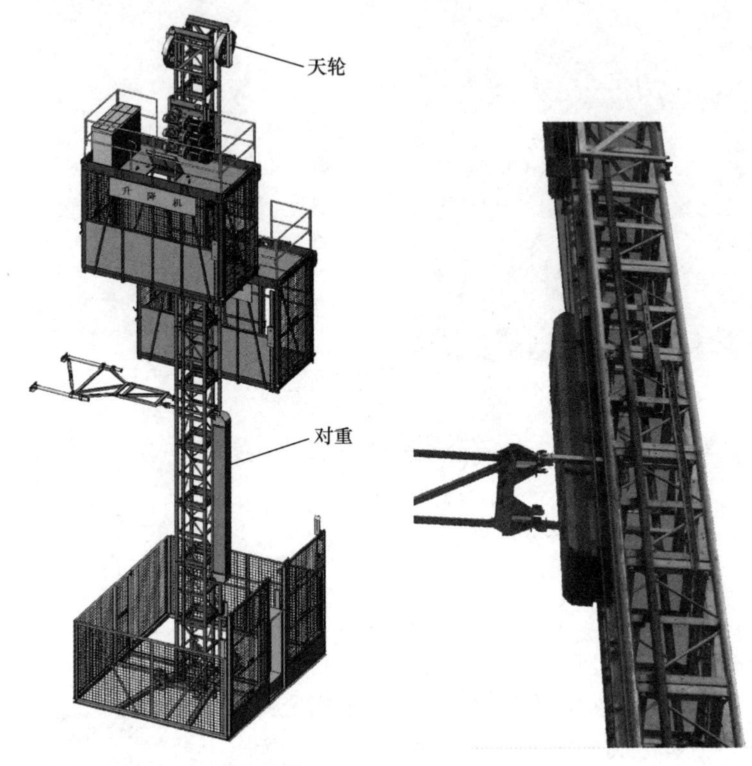

图 3-1-25 对重系统

采用对重系统的缺点是加高时比较繁复，而且对重钢丝绳与齿条相比，在使用次数相同的情况下使用寿命和安全系数比较低，容易发生故障，如对重出轨或钢丝绳折断。对重所使用的钢丝绳要求为双绳形式。

另外，用钢丝绳夹对钢丝绳绳端进行固接时，应符合以下 GB/T 5976 中的规定。

（1）钢丝绳夹的布置

钢丝绳夹应按图 2-1-24 所示把夹座扣在钢丝绳的工作段上，U 形螺栓扣在钢丝绳的尾段上。钢丝绳夹不得在钢丝绳上交替布置。

（2）钢丝绳夹的数量

对于符合标准规定的适用场合，每一连接处所需钢丝绳夹的最少数量按表 3-1-4 的推荐数量。

表 3-1-4 钢丝绳夹的最少需用量

绳夹规格（钢丝绳公称直径）(mm)	≤18	18～26	26～36	36～44	44～60
绳夹的最少数量（组）	3	4	5	6	7

（3）钢丝绳夹间的距离

钢丝绳夹间的距离 A 为 6～7 倍钢丝绳直径。

11. 吊杆

图 3－1－26　吊杆

并不是每一个施工现场都有其他起重设备来帮助安装和拆卸升降机零部件，特别是当升降机安装在电梯井这类封闭空间时，要求升降机必须具有自安装功能，所以每台升降机都会自带一套小型的起重设备——吊杆，如图 3－1－26 所示。

吊杆是吊笼的一个配件，可拆卸，工作时安装在吊笼顶上，专门用来在安装、拆卸时起吊标准节或附墙架等零部件，起重能力一般不大于 250kg。吊杆不允许作其他用途。

常用吊杆分为手动吊杆和电动吊杆。

对于手动吊杆，物件的起吊和放下需要操作人员通过摇杆人力完成。凡是人力吊杆都有制动功能，即起吊重物时往一个方向摇杆，反方向是制动的；但当下放重物时可以转换方向摇杆，且有限速制动。

12. 其他辅助设备或系统

其他辅助设备或系统有自动加油系统、维修管卡、自动/半自动平层与楼层呼叫系统等。

（1）自动加油系统

自动加油系统主要由加油泵、储油罐、管路分配器、油管和接油嘴等组成，用于对运动部件或易磨损部件进行自动润滑（图 3－1－27）。

图 3－1－27　自动加油系统

升降机上需润滑的主要部件有减速机、齿轮与齿条、限速器小齿轮和随动齿轮、滚轮（吊笼上的、传动小车上的和电缆小车上的）与导轨架立管、门配重导向轮和滑道、对重导向轮与滑道、天轮和钢丝绳等。

需要注意的是：

1）不同部件所用的润滑剂可能不同。

2）不同部件需要的润滑剂油量不同。

3）不同部件需要加润滑剂的频率不同。

（2）维修用安全卡具

当需要在吊笼下方进行故障检修时，应将升降机提升至离安装面约 1.8m 高的位置，同时为了确保安全，要用一些卡具或支撑将升降机固定在导轨架上。

(3) 自动/半自动平层与楼层呼叫系统

在每个楼层上应当安装有呼叫（或召唤）按钮，它通过一种无线电发射器将信息发送到吊笼内的接收头，当楼层上有人按按钮时，在吊笼内的接收主机上则会有楼层数的显示、语音播报或响铃（图 3－1－28）。

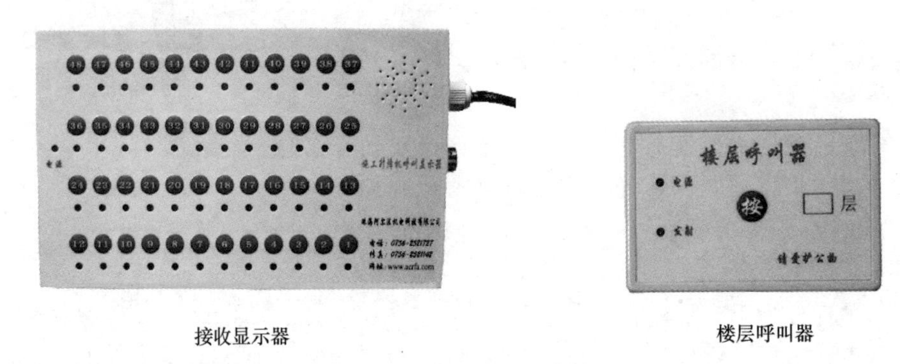

接收显示器　　　　楼层呼叫器

图 3－1－28　接收显示器

楼层按钮通常为恒压式，且楼内主机发出的语音播报或响铃和其他警铃发出的声响不同。

自动平层系统同室内电梯相似，在吊笼内有一个操作键盘或触摸屏（便于参数的设置和调整），输入楼层层数，再按一下启动按钮，升降机自动运行至所选楼层。半自动平层是指输入楼层层数后，手动控制运行按钮或手柄（恒压），运行至所选楼层时升降机自动停层。

平层系统通常包括可编程控制器（PLC）、旋转编码器或脉冲编码器、触摸屏或操作键盘等。

其原理是：通过由旋转编码器记录齿轮或齿牙数来控制平层，或者是用封闭式脉冲编码器连接电动机，通过测电动机脉冲控制平层准确度。

3.1.3　施工升降机的安全装置

1. 防坠安全器的构造与安全技术要求

(1) 防坠安全器的分类、构造及主要技术参数

1) 防坠安全器的分类及特点。防坠安全器俗称限速器，是非电气、气动和手动控制的防止吊笼或对重坠落的机械式安全保护装置（图 3－1－29）。防坠安全器是一种非人为控制的装置，当吊笼或对重一旦出现失速、坠落等情况时，能在设置的距离、速度内使吊笼安全停止。防坠安全器按其制动特点可分为渐进式和瞬时式两种形式。

① 渐进式防坠安全器。渐进式防坠安全器是一种初始制动力（或力矩）可调，制动过程中制动力（或力矩）逐渐增大的防坠安全器。其特点是制动距离较长，制动平稳，冲击小。

② 瞬时式防坠安全器。瞬时式防坠安全器是初始制动力（或力矩）不可调，瞬间即可将吊笼或对重制停的防坠安全器。其特点是制动距离较短，制动不平稳，冲击力大。

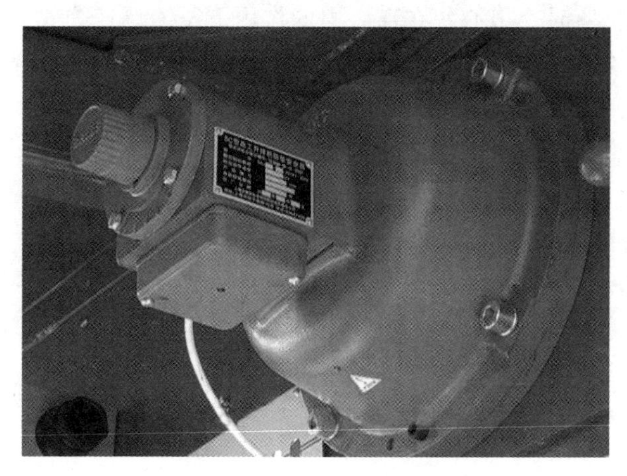

图 3－1－29 防坠安全器

2）渐进式防坠安全器。普通施工升降机常用的渐进式防坠安全器的全称为齿轮锥鼓形渐进式防坠安全器，简称安全器。

① 渐进式防坠安全器的使用条件。

a. SC 型施工升降机。SC 型施工升降机应采用渐进式防坠安全器，不能采用瞬时式防坠安全器。当升降机对重质量大于吊笼质量时，还应加设对重防坠安全器。

b. SS 型人货两用施工升降机。对于 SS 型人货两用施工升降机，其吊笼额定提升速度大于 0.63m/s 时，应采用渐进式防坠安全器。

② 渐进式防坠安全器的构造。渐进式防坠安全器主要由齿轮、离心式限速装置、锥鼓形制动装置等组成。离心式限速装置主要由离心块座、离心块、调速弹簧、螺杆等组成；锥鼓形制动装置主要由壳体、摩擦片、外锥体加力螺母、碟形弹簧等组成。安全器的结构如图 3－1－30 所示。

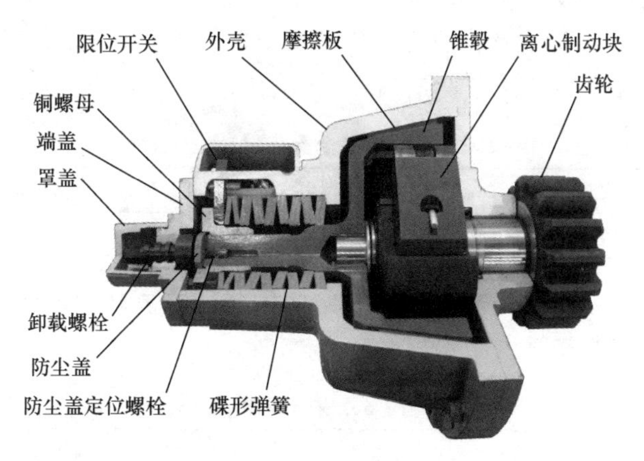

图 3－1－30 安全器的结构

③ 渐进式防坠安全器的工作原理。安全器安装在施工升降机吊笼的传动底板上，一端的齿轮啮合在导轨架的齿条上，如图 3－1－31 所示，当吊笼正常运行时，齿轮轴带动离心块座、离心块、调速弹簧和螺杆等组件一起转动，安全器也就不会动作。当吊

笼瞬时超速下降或坠落时，离心块在离心力的作用下压缩调速弹簧并向外甩出，其三角形的头部卡住外锥体的凸台，然后带动外锥体一起转动。此时外锥体尾部的外螺纹在加力螺母内转动，由于加力螺母被固定住，故外锥体只能向后方移动，这样使外锥体的外锥面紧紧地压向胶合在壳体上的摩擦片，当阻力达到一定值时就使吊笼制停。

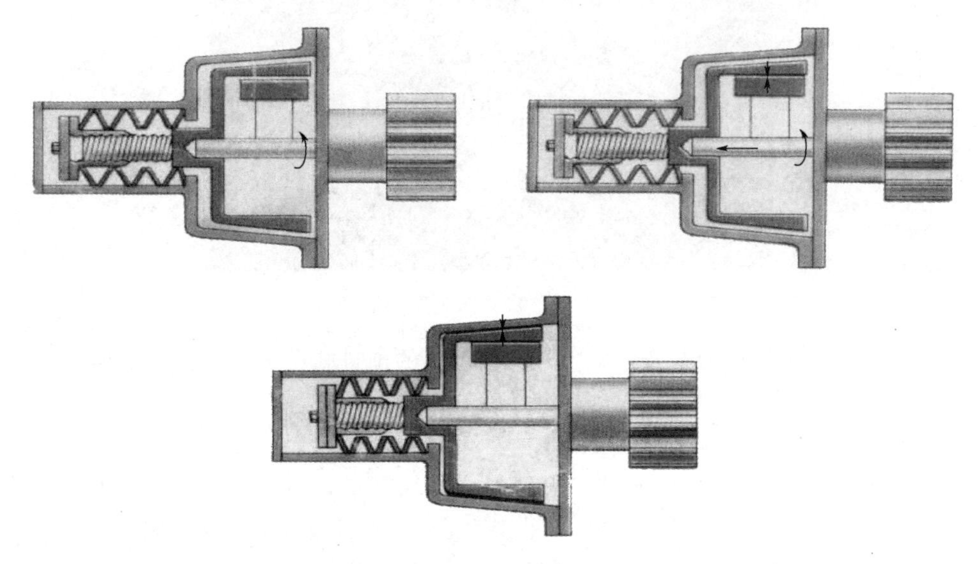

图 3-1-31　安全器的工作原理

④ 渐进式防坠安全器的主要技术参数。

a. 额定制动荷载。额定制动荷载是指安全器可有效制动停止的最大荷载，目前标准规定为 20kN、30kN、40kN、60kN 四挡。SC100/100 型和 SCD200/200 型施工升降机上配备的安全器的额定制动荷载一般为 30kN，SC200/200 型施工升降机上配备的安全器的额定制动荷载一般为 40kN。

b. 标定动作速度。标定动作速度是指按所要限定的防护目标运行速度而调定的安全器开始动作时的速度，具体见表 3-1-5 的规定。

表 3-1-5　安全器标定动作速度

施工升降机额定提升速度（m/s）	安全器标定动作速度（m/s）
v	$\leqslant v+0.40$

c. 制动距离。制动距离指从安全器开始动作到吊笼被制动停止时吊笼所移动的距离。安全器制动距离应符合表 3-1-6 的规定。

表 3-1-6　安全器制动距离

施工升降机额定提升速度 v(m/s)	安全器制动距离（m）
$v\leqslant 0.65$	0.10～1.40
$0.65<v\leqslant 1.00$	0.20～1.60
$1.00<v\leqslant 1.33$	0.30～1.80
$1.33<v\leqslant 2.40$	0.40～2.00

（2）防坠安全器的安全技术要求

1）防坠安全器必须进行定期检验标定，定期检验应由有相应资质的单位进行。

2）防坠安全器只能在有效的标定期内使用，有效检验标定期限不应超过1年，防坠安全器使用寿命为5年。

3）施工升降机每次安装后必须进行额定荷载的坠落试验，以后至少每三个月进行一次额定荷载的坠落试验。试验时吊笼不允许载人。

4）防坠安全器出厂后动作速度不得随意调整。

5）SC型施工升降机使用的防坠安全器安装时透气孔应向下，紧固螺孔不能出现裂纹，安全开关的控制接线完好。

6）防坠安全器动作后需要由专业人员实施复位，使施工升降机恢复到正常工作状态。

7）防坠安全器在任何时候都应该起作用，包括安装和拆卸工况。

8）防坠安全器不应由电动、液压或气动操纵的装置触发。

9）一旦防坠安全器触发，正常控制下的吊笼运行应由电气安全装置自动中止。

2. 超载保护装置

超载限制器是用于施工升降机超载运行的安全装置，常用的有电子传感器式、弹簧式和拉力环式三种（图3-1-32）。

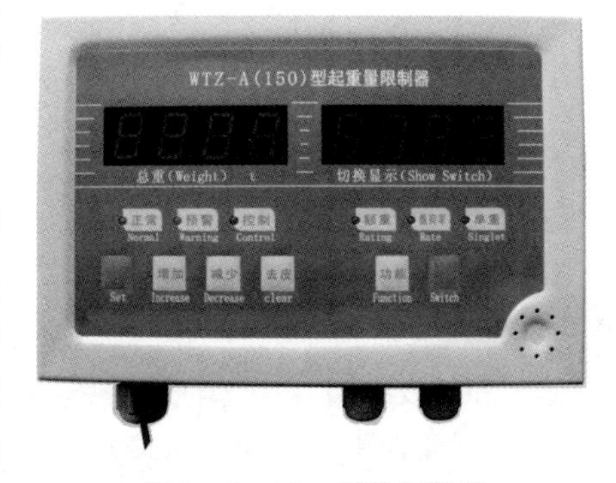

图3-1-32 超载限制器

（1）电子传感器超载保护装置

图3-1-33所示为施工升降机常用的电子传感器超载保护装置，其工作原理是：当重量传感器得到吊笼内因荷载变化而产生的微弱信号，并输入放大器后，经A/D转换成数字信号，再将信号送到微处理器进行处理，将其结果与所设定的动作点进行比较，如果通过所设定的动作点，则继电器分别工作。当荷载达到额定荷载的90%时，警示灯闪烁，报警器发出断续声响；当荷载接近或达到额定荷载的110%时，报警器发出连续声响，此时吊笼不能启动。保护装置由于采用了数字显示方式，可实时显示吊笼内荷载值变化的情况，还能及时发现超载报警点的偏离情况，及时进行调整。

（2）弹簧式超载保护装置

弹簧式超载保护装置安装在地面转向滑轮上，主要用于钢丝绳式施工升降机。图3-1-34所示为弹簧式超载保护装置。该超载保护装置由钢丝绳1、地面转向滑轮2、支架3、弹簧4和行程开关5组成。当荷载达到额定荷载的110%时，行程开关被压动，断开控制电路，使施工升降机停机，起到超载保护作用。其特点是结构简单、成本低，但可靠性较差，易产生误动作。

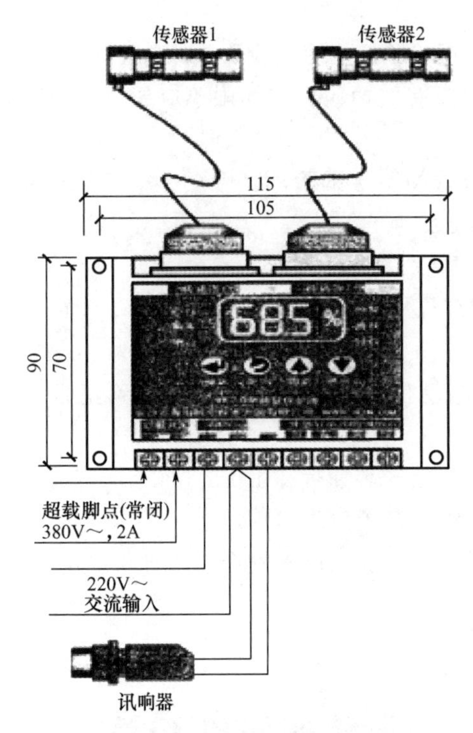

图 3－1－33　电子传感器超载保护装置

（尺寸单位：mm）

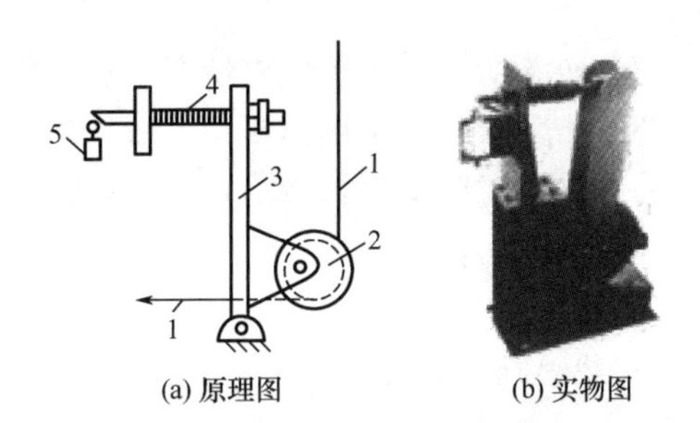

图 3－1－34　弹簧式超载保护装置

1. 钢丝绳；2. 地面转向滑轮；3. 支架；4. 弹簧；5. 行程开关

（3）拉力环式超载保护装置

图 3－1－35 所示为拉力环式超载保护装置。该超载保护装置由弹簧钢片 1、微动开关 2、4 和触发螺钉 3、5 组成。

使用时将两端串入施工升降机吊笼与传动板或提升钢丝绳中，当受到吊笼荷载时，拉力环会立即变形，两块变形钢片向中间挤压，带动装在上面的微动开关和触发螺钉，当受力达到报警限制值时，其中一个开关动作；当拉力环继续增大，达到超载限制值时，另一个开关也动作，断开电源，吊笼不能启动。

（4）超载保护装置的安全要求

1）超载保护装置的显示器要防止淋雨受潮。

2）在安装、拆卸、使用和维护过程中应避免对超载保护装置的冲击、振动。

3）使用前应对超载保护装置进行调整，使用中发现设定的限定值出现偏差时应及时进行调整。

3. 电气安全开关

电气安全开关是施工升降机中使用比较多的一种安全防护开关。当施工升降机不满足运行条件或在运行中出现不安全状况时，电气安全开关动作，施工升降机不能启动或自动停止运行。

(a) 实物图

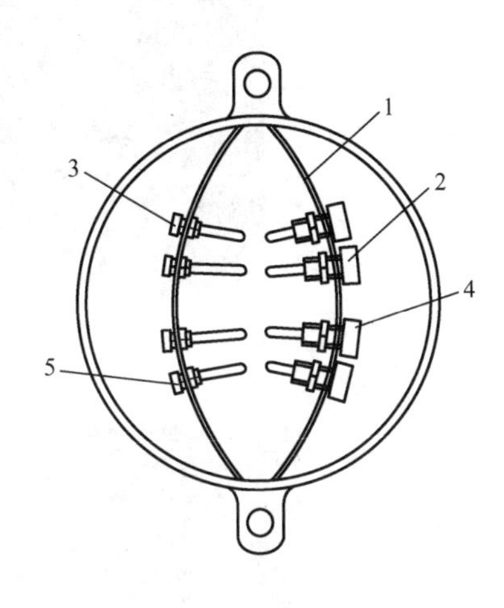

(b) 原理图

图 3-1-35 拉力环式超载保护装置

1. 弹簧钢片；2，4. 微动开关；3，5. 触发螺钉

（1）电气安全开关的种类

施工升降机的电气安全开关大致可分为行程安全控制开关和安全装置联锁控制开关两大类。

1）行程安全控制开关。行程安全控制开关是指当施工升降机的吊笼超越了允许运动的范围时，能使吊笼自动停止运行的开关，主要有上下行程限位开关、减速开关和极限开关。

① 行程限位开关。上、下行程限位开关安装在吊笼安全器底板上。当吊笼运行至上、下限位位置时，限位开关与导轨架上的限位挡板碰触，吊笼停止运行；当吊笼反方向运行时，限位开关自动复位。

② 减速开关。变频调速施工升降机必须设置减速开关，当吊笼下降时在触发下限位开关前应先触发减速开关，使变频器切断加速电路，避免吊笼下降时冲击底座。

③ 极限开关。施工升降机必须设置极限开关。当吊笼运行时，如果上、下限位开关出现失效，超出限位挡板并越程后，极限开关须切断总电源，使吊笼停止运行。极限开关应为非自动复位型的开关，其动作后必须手动复位才能使吊笼重新启动。在正常工作状态下，下极限开关挡板的安装位置应保证吊笼碰到缓冲器之前极限开关首先动作。

图 3-1-36 所示为普通底板，图 3-1-37 所示为限位开关挡板，图 3-1-38 所示为中高速底板。

注意： 当升降机运行至顶端，为防止因某种原因限位开关和极限开关都失效而导致冲顶，一些厂家在导轨架顶端设计安装了行程开关或接近开关来防止冲顶。该装置多用于带自动平层系统的升降机。对于建筑施工中广泛使用的普通施工升降机，常采用导轨架最高节（顶节）不安装齿条的措施来防止冲顶。

2）安全装置联锁控制开关。当施工升降机出现不安全状态，触发安全装置动作后，

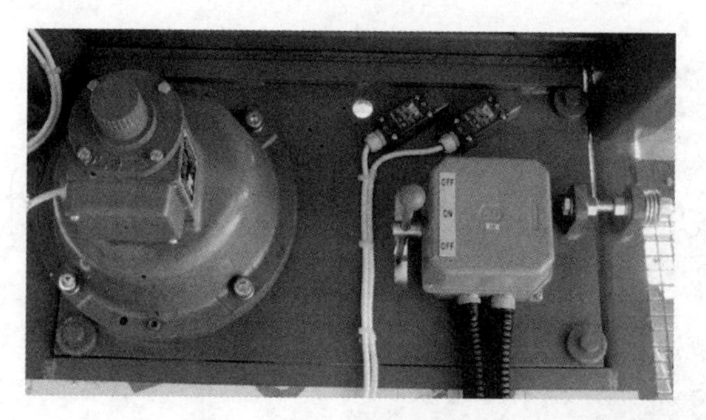

图 3-1-36　普通底板

(a) 上限位开关挡板

(b) 下限位开关挡板

图 3-1-37　限位开关挡板

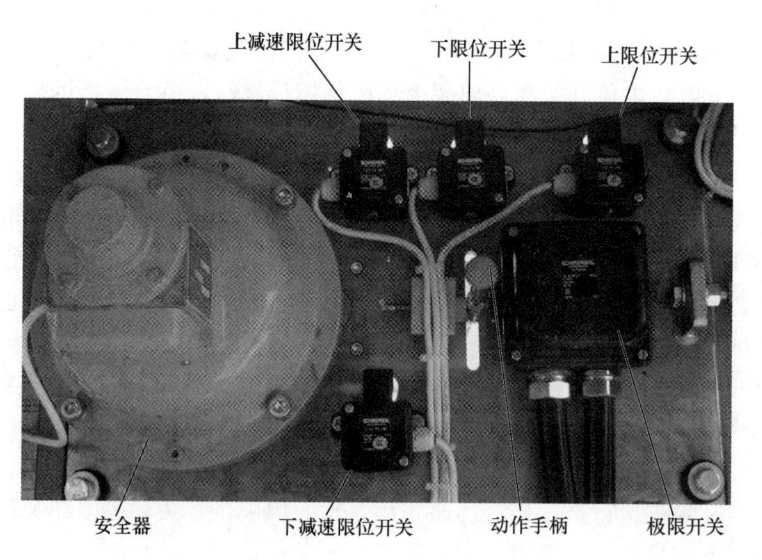

图 3-1-38　中高速底板

能及时切断电源或控制电路，使电动机停止运转。该类电气安全开关主要有防坠安全器安全开关和防松绳开关两种。

① 防坠安全器安全开关。防坠安全器动作时，设在安全器上的开关能立即将电动机的电路断开，制动器制动。

② 防松绳开关（图 3-1-39）。

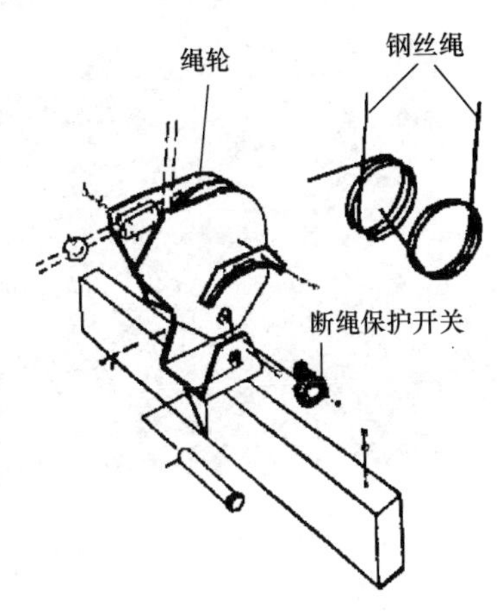

图 3-1-39　防松绳开关

a. 施工升降机的对重钢丝绳为两条时，钢丝绳组与吊笼连接的一端应设置张力均衡装置，并装有由相对伸长量控制的非自动复位型的防松绳开关。当其中一条钢丝绳出现的相对伸长量超过允许值或断绳时，该开关将切断控制电路，同时制动器制动，使吊笼停止运行。

b. 对重钢丝绳采用单根钢丝绳时也应设置防松（断）绳开关。当施工升降机出现松绳或断绳时，该开关应立即切断电动机控制电路，同时制动器制动，使吊笼停止运行。

③ 门安全控制开关。当施工升降机的各类门没有关闭时，施工升降机就不能启动；而当施工升降机在运行中把门打开时，施工升降机吊笼就会自动停止运行。安装有该类电气安全开关的门主要有单开门、双开门、笼顶安全门、围栏门等。

④ 错相断相保护器。电路应设有相序和断相保护器。当电路发生错相或断相时，保护器就能通过控制电路及时切断电动机电源，使施工升降机无法启动。

（2）电气安全开关的技术要求

1）电气安全开关必须安装牢固，不能松动。

2）电气安全开关应完整、完好，紧固螺栓应齐全，不能缺少或松动。

3）电气安全开关的臂杆不能歪曲变形，防止安全开关失效。

4）每班都要检查极限开关的有效性，防止极限开关失效。

5）严禁用触发上、下限位开关来作为吊笼在最高层站和地面站停站的操作。

4. 其他安全装置

（1）机械门锁

施工升降机的吊笼门、顶盖门和地面防护围栏门都装有机械电气联锁装置。各个门未关闭或关闭不严，电气安全开关将不能闭合，吊笼不能启动工作；吊笼运行中，一旦门被打开，吊笼的控制电路也将被切断，吊笼停止运行。

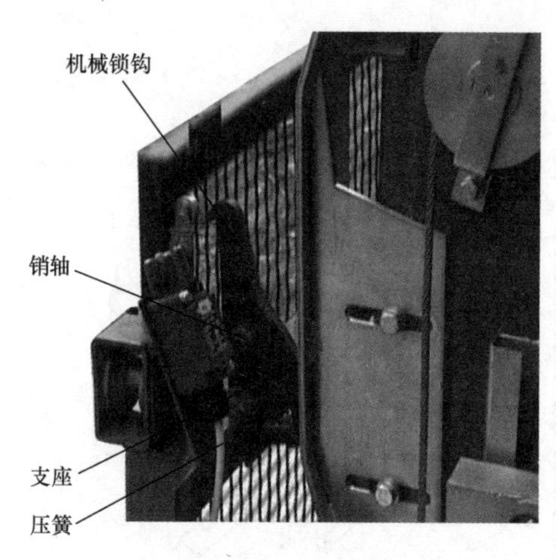

图 3-1-40　围栏门机械联锁装置

围栏门应装有机械联锁装置，使吊笼只有位于地面规定的位置时围栏门才能开启，且在门开启后吊笼不能启动，目的是防止在吊笼离开基础平台后人员误入基础平台造成事故。

围栏门机械联锁装置的结构如图 3-1-40 所示，主要由机械锁钩、压簧、销轴和支座组成。整个装置由支座安装在围栏门框上。当吊笼停靠在基础平台上时，吊笼上的开门挡板压着机械锁钩的尾部，机械锁钩离开围栏门，此时围栏门才能打开，而当围栏门打开时，电气安全开关作用，吊笼就不能启动；当吊笼运行离开基础平台时，在压簧的作用下机械锁钩扣住围栏门，围栏门就不能打开，如强行打开围栏门，吊笼会立即停止运行。

(2) 吊笼门的机械联锁装置

吊笼设有进料门和出料门，进料门一般为单门，出料门一般为双门，进、出门均设有机械联锁装置。当吊笼位于地面规定的位置和停层位置时，吊笼门才能开启；进、出门完全关闭后，吊笼才能启动运行。

图 3-1-41 所示为吊笼进料门机械联锁装置，由门上的挡块、门框上的机械锁钩、压簧、销轴和支座组成。当吊笼下降到地面时，施工升降机围栏上的开门压板压着机械锁钩的尾部，同时机械锁钩离开门上的挡块，此时门才能开启。当门关闭、吊笼离地后，吊笼门框上的机械锁钩在压簧的作用下嵌入门上的挡块缺口内，吊笼门被锁住。图 3-1-42 所示为吊笼出料门的机械联锁装置。

图 3-1-41　吊笼进料门（单开门）机械联锁装置

图 3-1-42　吊笼出料门（双开门）机械联锁装置

(3) 缓冲装置

1) 缓冲装置的作用。缓冲装置安装在施工升降机底架上，用于吸收下降的吊笼或对重的动能，起到缓冲作用。

施工升降机的缓冲装置主要使用弹簧缓冲器，如图 3-1-43 所示。

图 3-1-43 缓冲装置

2) 缓冲装置的安全要求。

① 每个吊笼设 2～3 个缓冲器，对重设一个缓冲器。同一组缓冲器的顶面相对高度差不应超过 2mm。

② 缓冲器中心与吊笼底梁或对重相应中心的偏移不应超过 20mm。

③ 经常清理基础上的垃圾和杂物，防止堆在缓冲器上，使缓冲器失效。

④ 应定期检查缓冲器的弹簧，发现锈蚀严重超标的要及时更换。

(4) 安全钩

1) 安全钩的作用。安全钩是防止吊笼倾翻的挡块，其作用是防止吊笼脱离导轨架或防坠安全器输出端齿轮脱离齿条，如图 3-1-44 所示。

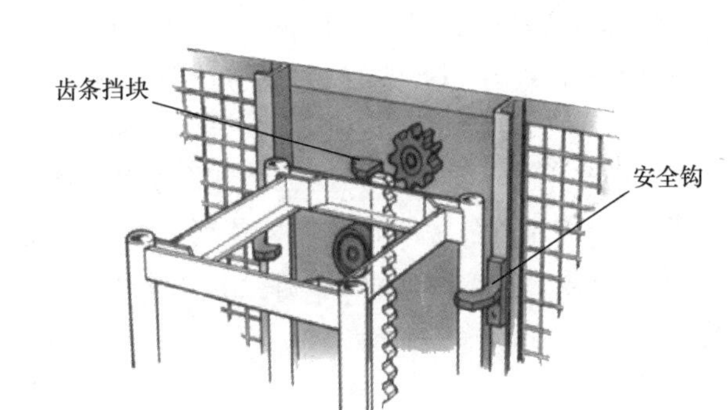

图 3-1-44 安全钩和齿条挡块

2) 安全钩的基本构造。安全钩一般有整体浇铸和钢板加工两种。其结构分底板和钩体两部分，底板由螺栓固定在施工升降机吊笼的立柱上。

3) 安全钩的技术要求。

① 安全钩必须成对设置，在吊笼立柱上一般安装上下两组安全钩，安装应牢固。

② 上面一组安全钩的安装位置必须低于最下方的驱动齿轮。

③ 安全钩出现焊缝开裂、变形时应及时更换。

(5) 齿条挡块

为避免施工升降机运行或吊笼下坠时防坠安全器的齿轮与齿条啮合分离，施工升降机应采用齿条背轮和齿条挡块（图 3-1-44）。当齿条背轮失效后，齿条挡块就成为最终的防护装置。

3.1.4 施工升降机主要零部件的技术要求和报废标准

1. 齿轮与齿条

施工升降机中的齿轮齿条机构能否可靠地工作，不仅关系到设备的正常运转及使用，更直接关系到建设工程现场的施工安全。

（1）齿轮

施工升降机齿轮的使用应当满足一定的要求，而且应符合相应的报废标准。当磨损量达到一定的报废极限时应当更换。

1）齿轮的使用要求。齿轮本身的制造精度对整个机器的工作性能、承载能力及使用寿命都有很大的影响。根据其使用条件，齿轮传动应满足以下几个方面的要求。

① 传递运动准确性。要求齿轮较准确地传递运动，传动比恒定，即要求齿轮在一转中的转角误差不超过一定范围。

② 传递运动平稳性。要求齿轮传递运动平稳，以减小冲击、振动和噪声，即要求限制齿轮转动时瞬时速比的变化。

③ 荷载分布均匀性。要求齿轮工作时齿面接触要均匀，以使齿轮在传递动力时不致因荷载分布不匀而使接触应力过大，引起齿面过早磨损。接触精度除了包括齿面接触均匀性以外还包括接触面积和接触位置。

④ 传动侧隙合理性。要求齿轮工作时非工作齿面间留有一定的间隙，以储存润滑油，补偿因温度、弹性变形所引起的尺寸变化和加工、装配时的一些误差。

齿轮的制造精度和齿侧间隙主要根据齿轮的用途和工作条件而定。对于分度传动用齿轮，主要要求齿轮的运动精度要高；对于高速动力传动用齿轮，为了减少冲击和噪声，对工作平稳性精度有较高要求；对于重载低速传动用齿轮，要求齿面有较高的接触精度，以保证齿轮不致过早磨损；对于换向传动和读数机构用齿轮，则应严格控制齿侧间隙，必要时须消除间隙。

2）齿轮的磨损极限。齿轮磨损极限的测量可用公法线千分尺跨二齿测公法线长度，如图 3－1－45(a) 所示。新齿轮和磨损后齿轮的相邻齿公法线长度应按使用说明书的规定进行检查。如某厂施工升降机使用说明书中规定：新齿轮相邻齿公法线长度 $L=37.1\text{mm}$ 时，磨损后相邻齿公法线长度应为 $L\geqslant35.8\text{mm}$。

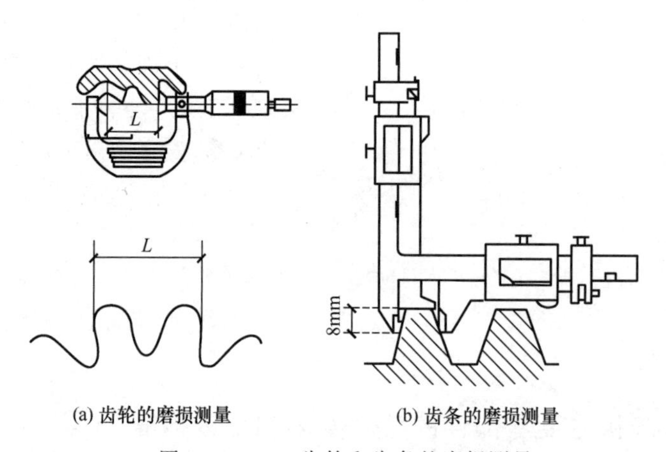

(a) 齿轮的磨损测量　　(b) 齿条的磨损测量

图 3－1－45　齿轮和齿条的磨损测量

3）减速器驱动齿轮的更换。当减速器驱动齿轮齿形磨损达到极限时必须进行更换，更换方法如图 3－1－46 所示。

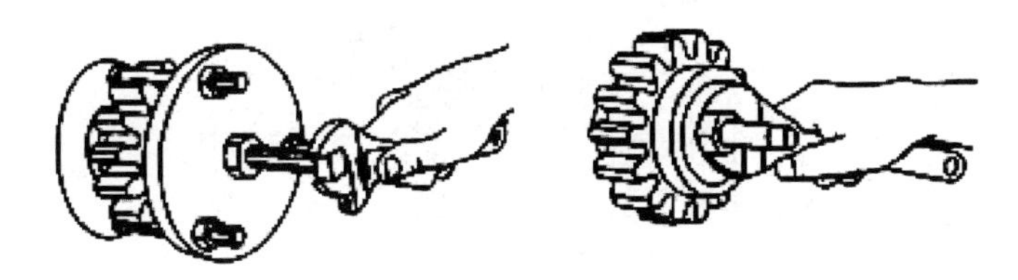

图 3－1－46 更换减速器驱动齿轮

① 将吊笼降至地面，用木块垫稳。

② 拆掉电动机接线，松开电动机制动器，拆下背轮。

③ 松开驱动板连接螺栓，将驱动板从驱动架上取下。

④ 拆下减速器驱动齿轮外轴端圆螺母及锁片，拔出小齿轮。

⑤ 将轴径表面擦洗干净，并涂上黄油。

⑥ 将新齿轮装到轴上，上好圆螺母及锁片。

⑦ 将驱动板重新装回驱动架上，穿好连接螺栓（先不要拧紧），并安装好背轮。

⑧ 调整好齿轮啮合间隙，使用扭力扳手将背轮连接螺栓、驱动板连接螺栓拧紧，拧紧力矩应分别达到 300N·m 和 200N·m。

⑨ 恢复电动机制动，并接好电动机及制动器接线。

⑩ 通电试运行。

（2）齿条的磨损极限

齿条的磨损极限可用游标卡尺测量。新齿条和磨损后齿条的最大磨损量应按使用说明书的规定进行检查。如某厂施工升降机使用说明书中规定：新齿条齿宽为 12.566mm 时，磨损后齿宽不小于 11.6mm。

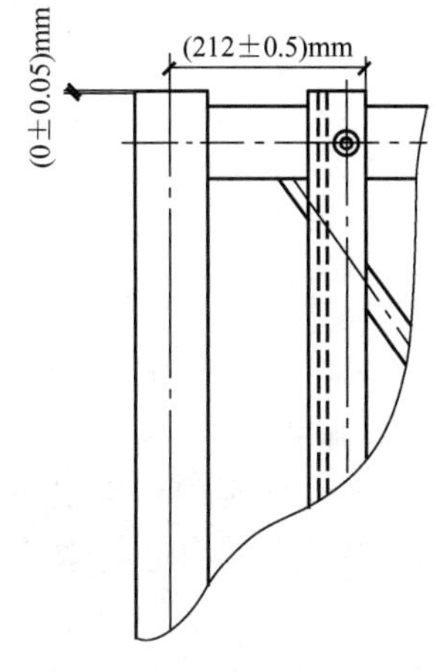

图 3－1－47 齿条安装位置偏差

齿条的更换：

1）松开齿条连接螺栓，拆卸磨损或损坏的齿条，必要时允许用气割等工艺手段拆除齿条及其固定螺栓，清洁导轨架上的齿条安装螺孔，并用特制液体涂定液做标记。

2）按标定位置安装新齿条，其位置偏差、齿条距离导轨架立管中心线的尺寸如图 3－1－47 所示，螺栓预紧力为 200N·m。

2. 滚轮

（1）滚轮的磨损极限

滚轮的磨损极限用游标卡尺测量，如图 3－1－48 所示。

某厂施工升降机使用说明书中滚轮的极限磨损量要求见表 3－1－7。

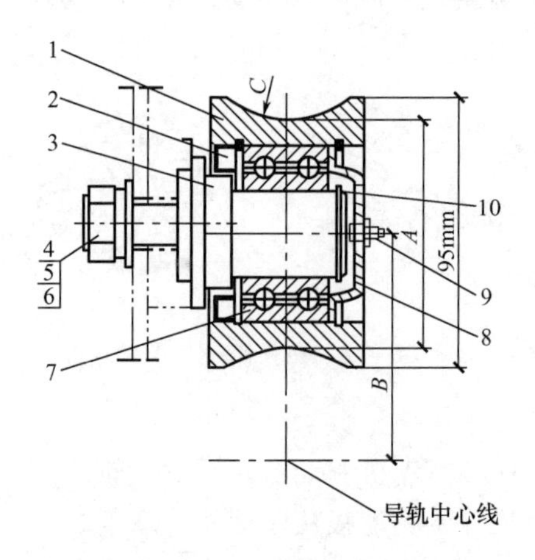

图 3-1-48　滚轮磨损量的测量

1. 滚轮；2. 油封；3. 滚轮轴；4. 螺栓；5，6. 垫圈；7. 轴承；8. 端盖；9. 油杯；10. 挡圈；

A. 滚轮直径；*B*. 滚轮与导轨架主弦杆的中心距；*C*. 导轮凹面弧度半径

表 3-1-7　滚轮的极限磨损量（mm）

测量尺寸	新滚轮	磨损的滚轮
A	80	最小 78
B	79±3	最小 76
C	40	最大 42

（2）滚轮的更换

当滚轮轴承损坏或滚轮磨损超差时必须更换，更换方法如下：

1）笼落至地面，用木块垫稳。

2）用扳手松开，并取下滚轮连接螺栓，取下滚轮。

3）装上新滚轮，调整好滚轮与导轨之间的间隙，使用扭力扳手紧固好滚轮连接螺栓，拧紧力矩应达到 200N·m。

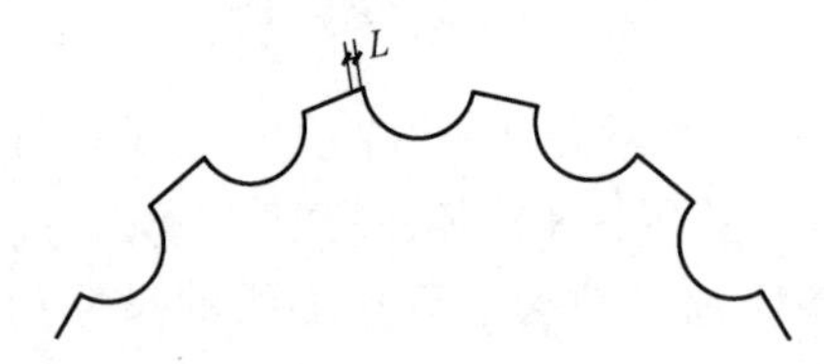

图 3-1-49　蜗轮磨损量的测量

3. 减速器蜗轮和伞齿齿轮

（1）减速器蜗轮的磨损极限

减速器蜗轮的磨损极限可通过减速器上的检查孔用塞尺测量，如图 3-1-49 所示。允许的最大磨损量为 $L=1$mm。

（2）减速器中蜗轮蜗杆或伞齿齿轮的报废极限要求

现有的国内生产的施工升降机的减速器大多数选用的是蜗轮蜗杆减速器（图 3-1-50）或者伞齿齿轮减速器。

对于蜗轮蜗杆减速器，蜗轮齿牙的磨损情况可用专用测量尺检测。

如图 3-1-51 所示，当蜗轮齿牙磨损达到 50%，必须更换减速器。

图 3－1－50　升降机常用的蜗轮蜗杆减速器剖切图

对于伞齿齿轮减速器，齿轮的磨损情况可用卡尺检测。

如图 3－1－52 所示，当齿轮磨损达到 $B-2A>3$mm 时，必须更换减速器。

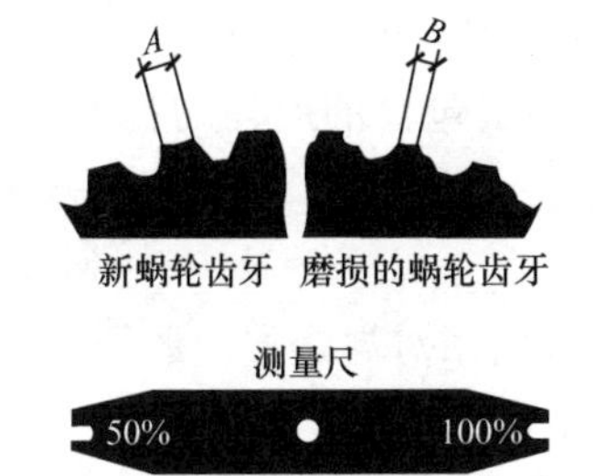

图 3－1－51　检测蜗轮齿牙磨损情况

A. 新齿牙宽度；*B*. 磨损的齿牙宽度

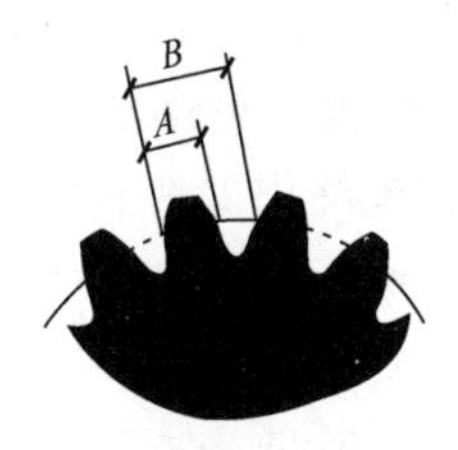

图 3－1－52　检测伞齿齿轮磨损情况

A. 磨损的齿厚；*B*. 磨损的齿轮节距

4. 电动机制动块和制动盘

（1）电动机制动块的使用要求

电动机制动器的电磁铁心与衔铁之间的间隙由具有独特功能的间隙自动跟踪调整装置控制，故在一定范围内间隙不受制动块磨损的影响，但当制动块磨损到接近转动盘厚度时必须更换制动块。

（2）电动机旋转制动盘的磨损极限

电动机制动盘由铜基丝末石棉材料制成，具有耐高温、耐磨损的特点。

电动机旋转制动盘磨损极限量可用塞尺测量，如图 3－1－53 所示。当旋转制动盘摩擦材料单面厚度 *a* 磨损到接近 1mm 时，必须更换制动盘。电动机制动盘为易损件，如发现固定制动盘和衔铁也有明显的磨损时，应同时更换。

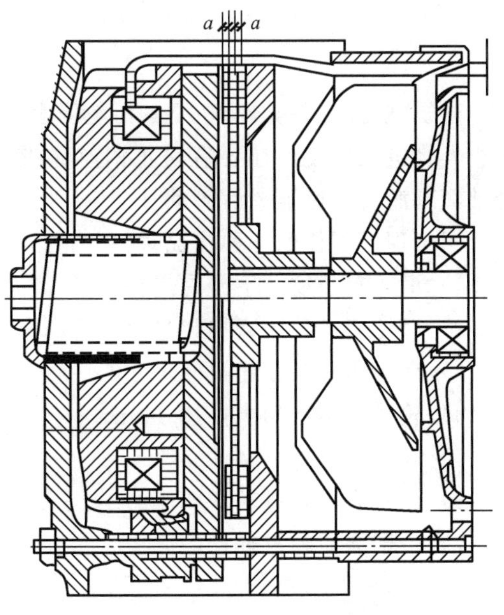

图 3－1－53　电动机旋转制动盘磨损量的测量

5. 钢丝绳

(1) 技术要求

1) 股。

① 股应捻制均匀、紧密。

② 股芯丝和股纤维芯应具有足够的支撑作用，以使外层包捻的钢丝能均匀捻制。股中相邻钢丝之间允许有均匀的缝隙。用同直径钢丝制成的股及绳中的钢芯，其中心钢丝和中心股应适当加大。

2) 钢丝绳。

① 钢丝绳应捻制均匀、紧密，不松散，在展开和无负荷情况下不得呈波浪状。绳内钢丝不得有交错、折弯和断丝等缺陷，但允许有因变形工卡具压紧造成的钢丝压扁现象存在。

② 钢丝绳制造时，同直径钢丝应为同一公称抗拉强度，不同直径钢丝允许采用相同或相邻公称抗拉强度，但应保证钢丝绳最小破断拉力符合有关规定。

③ 钢丝绳的绳芯应具有足够的支撑作用，以使外层包捻的股均匀捻制。允许各相邻股之间有较均匀的缝隙。

④ 锌钢丝绳中的所有钢丝都应是镀锌的。

⑤ 钢丝绳中钢丝的接头应尽量减少。钢丝接续时应用对焊连接。股同一次捻制中，各连接点在股内的距离不得小于 10m。

⑥ 涂油。除非需方另有要求，钢丝绳应均匀地连续涂敷防锈油脂。需方要求钢丝绳有增摩性能时，钢丝绳应涂增摩油脂。

(2) 钢丝绳的报废标准

见岗位 1 任务 1.1 中的相关内容。

6. 滑轮

建筑施工所用的升降机上的滑轮安全性要求较高，如引导钢丝绳上行的滑轮应设置防止异物进入措施，还要有防止钢丝绳脱槽的装置，钢丝绳的偏角不得超过 2.5°，要经常清理润滑，保证灵活转动。

当出现以下任何一种状况时，滑轮必须报废：

1) 滑轮有裂纹，不允许焊补。

2) 滑轮绳槽径向磨损超过原绳径的 5%。

3) 滑轮槽壁磨损超过原尺寸的 20%。

4) 轮槽的不均匀磨损达 3mm。

5) 轮缘破损。

6) 轴套磨损超过轴套壁厚的 10%。

7) 中轴磨损超过轴径的 2%。

任务 3.2 施工升降机的安全操作与检查

3.2.1 施工升降机的安全操作

1. 施工升降机司机操作的安全要求与规定

所有搭乘施工升降机的人员均应服从司机的指挥，司机有权对不符合规定者提出要求（如禁止某些行为），有权在不符合升降安全的条件下拒绝启动或停止。司机要以负起全责的态度认真对待自己的岗位职责。

施工升降机司机操作的安全要求与规定如下：

1）升降机司机必须经过培训持证上岗，并熟悉各零部件的性能及操作技术。

2）司机操作时要保持头脑清醒，注意力集中。

3）严禁酒后操作或是在服用某些药物后操作。

4）当遇大雨、大雪、大雾、施工升降机顶部风速大于 20m/s 或导轨架、电缆表面结有冰层时，不得使用施工升降机。

5）经常观察吊笼或对重运行通道有无障碍物。注意在吊笼停止时才能观察。

6）升降机基础内不允许有积水。长时间的浸泡会加速底盘及基础件的锈蚀。

7）确保吊笼每次装载不超过其额定载重量或搭乘人数。

8）吊笼启动前，确认所有人员的头、手或长物件均处于吊笼之内。

9）吊笼启动前要提醒所有人员注意（如按动警铃）。

10）吊笼启动后，禁止所有人员的头、手或长物件伸出笼外。

11）禁止吊笼内的人员或物件倚靠、挤压吊笼门。

12）应确保吊笼内装载的物料在持续振动的情况下不会滚动、倾倒或散落。对不符合运载规定的物料，启动前应要求运载者进行重新装载或打包。

13）运行中若发现异常情况，应立即按下急停按钮，停机检查。

14）除地面层外，在进行物料及人员装载时不应切断吊笼电源。

15）除地面层外，司机不应离开吊笼，这会造成吊笼处于无人控制的状态。

16）在地面层时，司机因故需要离开吊笼时，应关闭电源并取走操作面板上的钥匙。

17）每日下班后应将吊笼停止在地面层站台，并关闭外笼主电箱电源。

18）不能擅自交由无证人员启动并操作升降机。

19）当升降机出现异常情况，无论能否自行解决，事前事后都应告知设备维修人员。

20）切断主电源后，若要重新使吊笼运行，应先按启动按钮，接通主电源，预热至少 3s 后再重新启动。

21）按要求定期进行检查、保养及做坠落试验（部分项目应当有维修人员协助）。

22）经常保持吊笼内的清洁。特别要注意小的碎石或螺母螺钉，因为在高空中时它们容易掉出笼外。

23）不定期地对笼顶进行必要的清扫，因为工地环境通常会使笼顶隔一段时间就积累一层很厚的砂砾。

24）应避免在夜间工作。如确实需要，除笼内照明外，笼外照明也要充足，并且吊笼内应配备有应急光源（如应急灯或手电筒）。

2. 施工升降机的操作方法

以 SC200/200 型施工升降机为例说明施工升降机操作的方法。操作平台如图 3-2-1 所示。

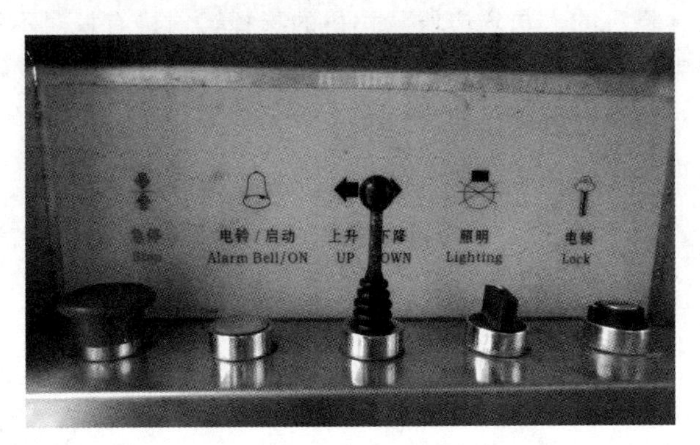

图 3-2-1 操作平台

操作平台上各个按钮的名称和作用（从左至右）介绍如下。

急停按钮：紧急情况下可使吊笼停止，使用时迅速、直接按下该按钮即可，可旋转复位。

电铃/启动按钮：每次开机启动时使用，提醒搭乘人员注意。

上升/下降按钮：使吊笼上升或下降运行时使用。

照明按钮：打开或关闭吊笼内照明灯。

电锁：控制开机电源。

操作前要仔细阅读使用说明书，了解施工升降机的结构特点，熟悉该机的使用性能和技术参数，掌握操作程序、安全注意事项及维护保养要求等。按照使用说明书的要求，熟悉施工升降机操作平台上各种按钮、仪表和指示灯及其作用。

施工升降机的操作步骤：

1）将外笼电源箱上的总电源开关置于“ON”，并用工地自备的锁锁住总电源开关，以确保升降机通电运行时任何人不能随意断开总电源开关。

注意：升降机在运行时，地面工作人员发现有紧急情况，即使总电源开关已经上锁，仍可用力将总电源开关旋转至“OFF”位置。此时总电源开关旋柄会被损坏（这是开关本身的功能之一），必须更换新的总电源开关。也可以在总电源开关置于“OFF”时用锁锁住，任何人不能随意接通总电源开关。

2）当按第 1）步打开电源后，依次打开防护围栏门、吊笼门，进入吊笼并关闭所有的门，包括吊笼单开门、双开门、活板门、外笼门，以及所有安全层门。确保双开门锁将双开门锁住。

3）确认吊笼内极限开关的手柄处于“ON”位置，并确认电控箱内的保护开关接通，操纵台上的急停按钮及锁开关已经打开。

4）确认上下限位开关、减速限位开关工作正常、有效。

5）观察电压表，确认电源电压正常、稳定。用钥匙打开控制电源。

6）按下启动按钮，使控制电路通电，再操纵手柄并保持这一位置，使升降机吊笼启动运行。松开操作手柄，手柄弹回，吊笼停止（在导轨的最高处及最低处另有上下极限开关强制停止吊笼）。由于大多数升降机在启动时具有一定的突然性，按响警铃的主要目的之一是通知笼内及笼外人员，使他们有所准备。

7）正常工作前操纵手柄进行空载试运行，确认安全限位装置灵敏有效。

3. 施工升降机的安全操作注意事项

1）吊笼启动前必须按警铃示意搭乘人员站好。

2）每班首次运行前应当将吊笼升离地面1～2m，试验制动器的可靠性。

3）吊笼内搭乘的人员或物料应均匀分布，防止偏重，并检查物件有无伸出吊笼外等情况，确保堆放稳妥，防止倾倒。

4）司机在工作时间内不得擅自离开工作岗位，必须离开时应将吊笼停在地面层，关门上锁，并将钥匙取走。

5）施工升降机运行到最上层和最下层时，严禁用碰撞上下限位开关来代替停止开关。

6）非安装或拆卸需要，禁止频繁点动吊笼运行。司机应培养准确停层的能力，每次到达目标层后，吊笼内地板与楼层面的水平误差要尽量控制在±20mm之内。如果阶差太大，需要再启动或点动进行调整，应间隔一定时间（3s以上），不要立即调整。

7）操作变频调速升降机时，应按以下顺序操作：从启动到低速再到高速，从高速到低速再到停止，各步骤间隔时间为2～3s。不允许直接从启动就换高速，也不允许从高速一下切换到停止（紧急情况除外）。

8）在运行中如发现异常情况（如电器失控、闻到电器烧焦气味、重要部件忽然有异响）时，应立即按下急停按钮，进行必要的检查和处理后再重新启动。

9）如需要在吊笼顶上工作，应将操作盒从吊笼内取出，通过天窗活板门拿到吊笼顶部进行笼顶操作。

10）当升降机在运行中由于断电或其他原因而异常停车时，可按应急处理程序进行手动下降（后文将详细说明）。

3.2.2　施工升降机的安全检查

1. 每天检查

在每天开工前和每次换班前，施工升降机司机应按使用说明书及表3-2-1的要求对施工升降机进行检查。

表 3-2-1　施工升降机每日使用前检查表

工程名称		工程地址	
使用单位		设备型号	
租赁单位		备案登记号	
检查日期	年　月　日		
检查结果代号说明	√=合格　○=整改后合格　×=不合格　无=无此项		
序号	检查项目	检查结果	备注
1	外电源箱总开关、总接触器正常		
2	地面防护围栏门及机电联锁正常		
3	吊笼、吊笼门和机电联锁操作正常		
4	吊笼顶紧急逃离门正常		
5	吊笼及对重通道无障碍物		
6	钢丝绳连接、固定情况正常，各钢丝绳松紧一致		
7	导轨架连接螺栓无松动、缺失		
8	导轨架及附墙架无异常移动		
9	齿轮、齿条啮合正常		
10	上、下限位开关正常		
11	极限限位开关正常		
12	电缆导向架正常		
13	制动器正常		
14	电动机和变速箱无异常发热及噪声		
15	急停开关正常		
16	润滑油无泄漏		
17	警报系统正常		
18	地面防护围栏内及吊笼顶无杂物		
发现问题：		维修情况：	
司机签名：			

2. 月度检查

在使用期间，使用单位应每月组织专业技术人员按使用说明书及表 3-2-2 的要求对施工升降机进行检查并记录。

表 3-2-2　施工升降机每月检查表

<table>
<tr><td colspan="2">设备型号</td><td colspan="2"></td><td>备案登记号</td><td></td></tr>
<tr><td colspan="2">工程名称</td><td colspan="2"></td><td>工程地址</td><td></td></tr>
<tr><td colspan="2">设备生产厂</td><td colspan="2"></td><td>出厂编号</td><td></td></tr>
<tr><td colspan="2">出厂日期</td><td colspan="2"></td><td>安装高度</td><td></td></tr>
<tr><td colspan="2">安装负责人</td><td colspan="2"></td><td>安装日期</td><td></td></tr>
<tr><td colspan="2">检查结果代号说明</td><td colspan="4">√＝合格　○＝整改后合格　×＝不合格　无＝无此项</td></tr>
<tr><td>名称</td><td>序号</td><td>检查项目</td><td>要求</td><td>检查结果</td><td>备注</td></tr>
<tr><td rowspan="2">标志</td><td>1</td><td>统一编号牌</td><td>应设置在规定位置</td><td></td><td></td></tr>
<tr><td>2</td><td>警示标志</td><td>吊笼内应有安全操作规程，操作按钮及其他危险处应有醒目的警示标志，施工升降机应设限载和楼层标志</td><td></td><td></td></tr>
<tr><td rowspan="5">基础和围护设施</td><td>3</td><td>地面防护围栏门机电联锁保护装置</td><td>应装机电联锁装置，吊笼位于底部规定位置地面防护围栏门才能打开，地面防护围栏门开启后吊笼不能启动</td><td></td><td></td></tr>
<tr><td>4</td><td>地面防护围栏</td><td>基础上吊笼和对重升降通道周围应设置防护围栏，地面防护围栏高≥1.8m</td><td></td><td></td></tr>
<tr><td>5</td><td>安全防护区</td><td>当施工升降机基础下方有施工作业区时，应加设防对重坠落伤人的坠落防护区及其安全防护装置</td><td></td><td></td></tr>
<tr><td>6</td><td>电缆收集筒</td><td>固定可靠，电缆能正确导入</td><td></td><td></td></tr>
<tr><td>7</td><td>缓冲弹簧</td><td>应完好</td><td></td><td></td></tr>
<tr><td rowspan="4">金属结构件</td><td>8</td><td>金属结构件外观</td><td>无明显变形、脱焊、开裂和锈蚀</td><td></td><td></td></tr>
<tr><td>9</td><td>螺栓连接</td><td>紧固件安装准确、紧固、可靠</td><td></td><td></td></tr>
<tr><td>10</td><td>销轴连接</td><td>销轴连接定位可靠</td><td></td><td></td></tr>
<tr><td>11</td><td>导轨架垂直度</td><td>架设高度 h(m)　垂直度偏差(mm)
$h\leqslant 70$　$\leqslant (1/1000)h$
$70<h\leqslant 100$　$\leqslant 70$
$100<h\leqslant 150$　$\leqslant 90$
$150<h\leqslant 200$　$\leqslant 110$
$h>200$　$\leqslant 130$
对钢丝绳式施工升降机，垂直度偏差应$\leqslant (1.5/1000)h$</td><td></td><td></td></tr>
<tr><td rowspan="4">吊笼及层门</td><td>12</td><td>紧急逃离门</td><td>应完好</td><td></td><td></td></tr>
<tr><td>13</td><td>吊笼顶部护栏</td><td>应完好</td><td></td><td></td></tr>
<tr><td>14</td><td>吊笼门</td><td>开启正常，机电联锁有效</td><td></td><td></td></tr>
<tr><td>15</td><td>层门</td><td>应完好</td><td></td><td></td></tr>
</table>

续表

名称	序号	检查项目	要求	检查结果	备注
传动及导向	16	防护装置	转动零部件的外露部分应有防护罩等防护装置		
	17	制动器	制动性能良好，手动松闸功能正常		
	18	齿轮齿条啮合	齿条应有90%以上的计算宽度参与啮合，且与齿轮的啮合侧隙应为0.2～0.5mm		
	19	导向轮及背轮	连接及润滑应良好，导向灵活，无明显倾侧现象		
	20	润滑	无漏油现象		
附着装置	21	附墙架	应采用配套标准产品		
	22	附着间距	应符合使用说明书要求		
	23	自由端高度	应符合使用说明书要求		
	24	与构筑物连接	应牢固可靠		
安全装置	25	防坠安全器	应在有效标定期限内使用		
	26	防松绳开关	应有效		
	27	安全钩	应完好、有效		
	28	上限位	安装位置：提升速度 $v<0.8$m/s时，留有的上部安全距离应≥1.8m；$v\geq 0.8$m/s时，留有的上部安全距离应≥$1.8+0.1v^2$(m)		
	29	上极限开关	极限开关应为非自动复位型，动作时能切断总电源，动作后须手动复位才能使吊篮启动		
	30	下限位	应完好、有效		
	31	越程距离	上限位和上极限开关之间的越程距离应≥0.15m		
	32	下极限开关	应完好、有效		
	33	紧急逃离门安全开关	应有效		
	34	急停开关	应有效		
电气系统	35	绝缘电阻	电动机及电气元件（电子元器件部分除外）的对地绝缘电阻应≥0.5MΩ，电气线路的对地绝缘电阻应≥1MΩ		
	36	接地保护	电动机和电气设备金属外壳均应接地，接地电阻应≤4Ω		
	37	失压、零位保护	应有效		
	38	电气线路	排列整齐，接地、零线分开		
	39	相序保护装置	应有效		
	40	通信联络装置	应有效		
	41	电缆与电缆导向	电缆完好无破损，电缆导向架按规定设置		

续表

名称	序号	检查项目	要求	检查结果	备注
对重和钢丝绳	42	钢丝绳	应规格正确，且未达到报废标准		
	43	对重导轨	接缝平整，导向良好		
	44	钢丝绳端部固结	应固结可靠，绳卡规格应与绳径匹配，其数量不得少于3个，间距不小于绳径的6倍，滑鞍应放在受力一侧		
检查结论： 租赁单位检查人签字： 使用单位检查人签字： 日期：　年　月　日					

3. 升降机不能启动的前期检查

检查并确定以下项目：

1）电源箱和总电源开关是否打开，升降机上电源是否接通。

2）急停按钮是否打开。

3）极限开关是否处于“ON”位置（动作手柄是否为水平状态）。

4）活板门、吊笼门是否关闭。

5）外笼门是否关闭。

6）断绳保护开关有无动作（有对重的升降机）。

7）保护开关是否掉闸。

8）变频器是否有输出（带变频器的升降机）。

9）上下限位、减速限位开关是否正常。

10）限速安全器开关是否正常。

如果排除上述各项后仍不能启动吊笼，请专业维修人员按该机发生了故障进行检查和处理。

4. 导轨架加高后的试运行

专职的吊笼操作者（司机）应记忆自己所操作的吊笼上行的最高楼层位置。

建设中的楼层由于高度不断上升，施工梯为满足生产运输需要，会不断地进行导轨架的加高。如果加高安装过程有疏漏，上行的吊笼与加高后的标准节可能会同时翻覆坠落，发生重大事故（图3－2－2）。因此，除安装人员必须按规定安装标准节进行加高之外，操作人员也应当知悉加高的前后情况及准确的安装时间，并在加高完成后进行试运行。除非司机参与了加高全过程，确知吊笼能够在新高度内可靠上行，否则不应省略试运行程序。

试运行程序：

此时吊笼内除司机外应完全空载。启动吊笼向上运行，在到达加高前的高度（或楼层）时停止上行，操作人员通过小梯和天窗上到笼顶（也可以直接在笼顶进行全过程操作，这样不必上下攀爬，但要注意安全），观察加高后的每一节标准节之间的四根主连接螺栓是否有漏缺及是否拧紧，并确认上极限开关板、上限位开关板、加高后的附墙架的安装情况（图 3-2-3），最后返回吊笼内继续上行。重复上述步骤，直至吊笼达到加高后的最高工作楼层位置，然后降回地面。只有经过试行后的吊笼才能进行正常的人员登载、物品运输。

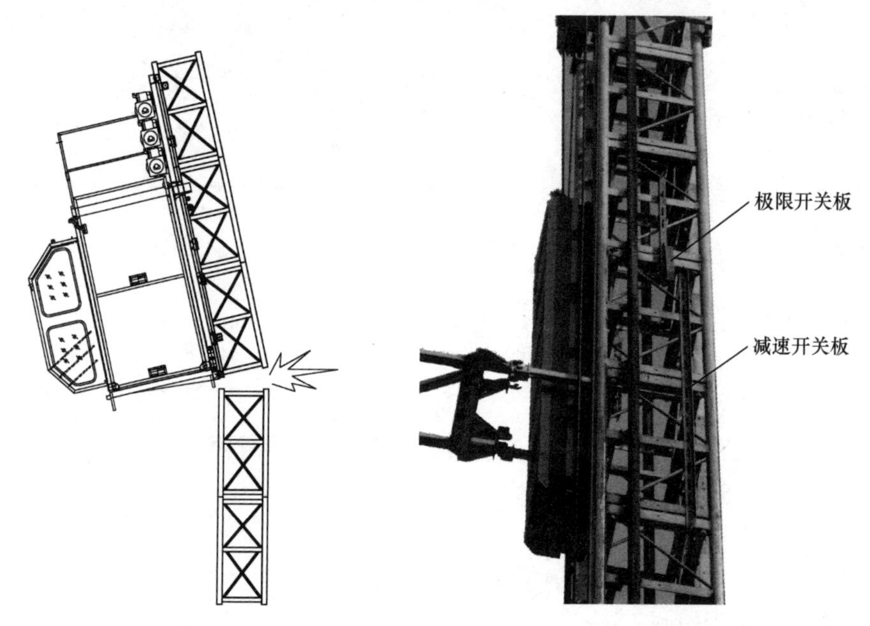

图 3-2-2　吊笼与标准节同时倾覆　　　图 3-2-3　加高后附墙架的安装

试运行过程也应该在司机更替时由新接手者进行，此时新接手司机应假设该梯全部高度均为新加高后的高度。试运行同时作为每日必须检查的重要内容，司机应在每日上班第一次正式搭载人员上行前完成。

加高安装时不规范的操作有：

1）标准节之间的四根主连接螺栓没有拧紧，达不到使用说明书规定的力矩要求。

2）看上去有螺栓却没有上螺母（虚装标准节）。

3）只安装了两根螺栓，甚至完全没有螺栓。

4）附墙架没有安装，或没有按规定安装好。

5）上极限开关板没有安装或位置不准确（上极限开关板的位置应正对着吊笼安全器右侧极限开关板上的动作手柄）。

这些安全隐患通常是由于安装人员疏忽大意而产生的，这是一种很严重的极不负责的疏忽大意，直接危害了吊笼上全体人员的生命安全。如果司机未进行该类检查而进行工作，极有可能造成吊笼从高处坠落并危及搭乘人员安全的重大事故。

5. 防坠安全器的坠落试验

(1) 坠落试验的意义

防坠安全器担负着在吊笼失速坠落时制停的重要功能。所有升降机事故中，只有坠落才会导致最大程度的群死群伤，因此必须保证吊笼安全器的可靠与正常，从而使施工升降机发生伤亡事故的概率降至最低，而定期进行坠落试验则是检验安全器可靠与否、正常与否的有效手段。

(2) 坠落试验程序

首次使用的施工升降机或转移工地后重新安装的施工升降机必须在投入使用前进行额定荷载坠落试验（图 3-2-4）。施工升降机投入正常运行后还需每隔三个月定期进行一次坠落试验，以确保施工升降机的使用安全。坠落试验一般程序如下：

1) 在吊笼中加载额定载重量。

2) 切断地面电源箱的总电源。

3) 将坠落试验按钮盒的电缆插头插入吊笼电气控制箱底部的坠落试验专用插座中。

4) 把试验按钮盒的电缆固定在吊笼上的电气控制箱附近，将按钮盒设置在地面。坠落试验时，应确保电缆不会被挤压或卡住。

5) 撤离吊笼内所有人员，关上全部吊笼门和围栏门。

6) 合上地面电源箱中的主电源开关。

7) 按下试验按钮盒上标有上升符号（↑）的按钮，驱动吊笼上升至离地面 3～10m。

图 3-2-4　坠落试验

8) 按下试验按钮盒上标有下降符号（↓）的按钮，并保持按住这个按钮。这时，电动机制动器松闸，吊笼下坠。当吊笼下坠速度达到临界速度，防坠安全器将动作，把吊笼刹住。

当防坠安全器未能按规定要求动作而刹住吊笼，必须将吊笼上电气控制箱上的坠落试验插头拔下，操纵吊笼下降至地面后，查明防坠安全器不动作的原因，排除故障后才能再次进行试验。必要时需送生产厂校验。

9) 防坠安全器按要求动作后，驱动吊笼上升至高一层的停靠站。

10) 拆除试验电缆。此时吊笼应无法启动。因为当防坠安全器动作时，其内部的电控开关已动作，以防止吊笼在试验电缆被拆除而防坠安全器尚未按规定要求复位的情况下被启动。

(3) 防坠安全器动作后的复位

坠落试验后或防坠安全器每发生一次动作，均需对防坠安全器进行复位。在正常操作中发生动作后，须查明发生动作的原因，并采取相应的措施。在检查确认完好后或查清原因、排除故障后才可对安全器进行复位。防坠安全器未复位前严禁继续操作施工升降机。安全器在复位前应检查电动机、制动器、蜗轮减速器、联轴器、吊笼滚轮、对重滚轮、驱动小齿轮、安全器齿轮、齿条、背轮和安全器的安全开关等零部件是否完好，连接是否牢固，安装位置是否符合规定。

目前常用的渐进式防坠安全器从外观构造上区分有两种，一种后端只有后盖，另一种在后盖上有一个小罩盖。两种安全器的复位方法有所不同。

1）只有后盖的安全器的复位操作，如图 3－2－5 所示。

① 断开主电源。

② 旋出螺钉 1，拆下后盖 2，旋出螺钉 3。

③ 用专用工具 4 和扳手 5 旋出铜螺母 6，直至弹簧销 7 的端部和安全器外壳后端面平齐为止，这时安全器的安全开关已复位。

④ 安装螺钉 3。

⑤ 接通主电源，驱动吊笼向上运行 300mm 以上，使离心块复位。

⑥ 用锤子通过铜棒敲击安全器后螺杆。

⑦ 装上后盖 2，旋紧螺钉 1。

⑧ 若复位后外锥体摩擦片未脱开，可用锤子通过铜棒敲击安全器后螺杆，迫使其脱离，达到复位。

2）带罩盖的安全器的复位操作，如图 3－2－6 所示。

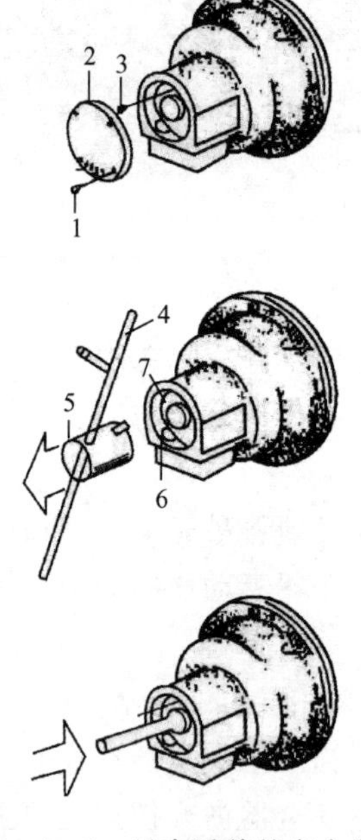

图 3－2－5　只有后盖的安全器的复位操作过程

1，3. 螺钉；2. 后盖；4. 专用工具；5. 扳手；6. 铜螺母；7. 弹簧销

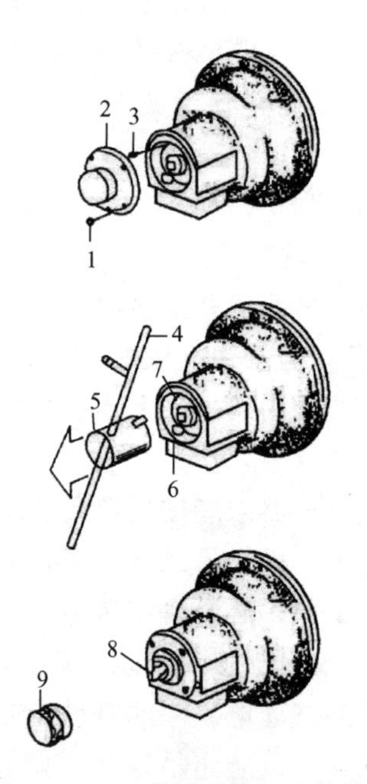

图 3－2－6　带罩盖的安全器的复位操作过程

1，3. 螺钉；2. 后盖；4. 专用工具；5. 扳手；6. 铜螺母；7. 弹簧销；8. 螺栓；9. 罩盖

① 断开主电源。

② 旋出螺钉 1，拆下后盖 2，旋出螺钉 3。

③ 用专用工具 4 和扳手 5 旋出铜螺母 6，直至弹簧销 7 的端部和安全器外壳后端面平齐为止，这时安全器的安全开关已复位。

④ 安装螺钉 3。

⑤ 接通主电源，驱动吊笼向上运行 300mm 以上，使离心块复位。

⑥ 装上后盖 2，旋紧螺钉 1，旋下罩盖 9，用手旋紧螺栓 8。

⑦ 用扳手 5 把螺栓 8 再旋紧 30°左右，然后立即反向退至上一步初始位置。

⑧ 装上罩盖 9。

任务 3.3 施工升降机的维护保养

3.3.1 维护保养的方法与内容

1. 维护保养的意义

为了使施工升降机经常处于完好和安全运转的状态，避免和消除在运转工作中可能出现的故障，延长施工升降机的使用寿命，必须及时、正确地做好维护保养工作，这是因为：

1）施工升降机工作状态中经常遭受风吹雨打日晒的侵蚀，以及灰尘、砂土的侵入和沉积，如不及时清除和保养，将会加快机械的锈蚀、磨损，使其寿命缩短。

2）在机械运转过程中，各工作机构润滑部位的润滑油及润滑脂会自然损耗，如不及时补充，将会加重机械的磨损。

3）机械经过一段时间的使用后，各运转机件会自然磨损，零部件间的配合间隙会发生变化，如果不及时进行保养和调整，磨损就会加快，甚至导致完全损坏。

4）机械在运转过程中，如果各工作机构的运转情况不正常，又得不到及时的保养和调整，将会导致工作机构完全损坏，大大缩短施工升降机的使用寿命。

2. 维护保养的方法

维护保养一般采用“清洁、紧固、调整、润滑、防腐”的方法，通常简称为“十字作业”法。

（1）清洁

所谓清洁，是指对机械各部位的油泥、污垢、尘土等进行清除等工作，目的是减少部件的锈蚀和运动零件的磨损、保持良好的散热及为检查提供良好的观察效果等。

（2）紧固

所谓紧固，是指对连接件进行检查紧固等工作。机械运转中产生的振动容易使连接件松动，如不及时紧固，不仅可能产生漏油、漏电等，有些关键部位的连接松动轻者导致零件变形，重者会出现零件断裂、分离，甚至导致机械事故。

（3）调整

所谓调整，是指对机械零部件的间隙、行程、角度、压力、松紧、速度等及时进行检查调整，以保证机械的正常运行。尤其要对制动器、减速器等关键机构进行适当调整，确保其灵活、可靠。

（4）润滑

所谓润滑，是指按照规定和要求，选用并定期加注或更换润滑油，以保持机械运动零件间的良好运动，减少零件磨损。

（5）防腐

所谓防腐，是指对机械设备和部件进行防潮、防锈、防酸等处理，防止机械零部件和电气设备被腐蚀损坏。最常见的防腐保养是对机械外表进行补漆或涂上油脂等防腐涂料。

3. 维护保养的内容

施工升降机的维护保养分为以下三类：

1）日常维护保养。日常维护保养又称为例行保养，是指在设备运行前后和运行过程中的保养作业。日常维护保养由设备操作人员进行。

2）定期维护保养。月度、季度及年度的维护保养，以专业维修人员为主，设备操作人员配合进行。

3）特殊维护保养。施工机械除日常维护保养和定期维护保养外，在转场、闲置等特殊情况下也需进行维护保养。

1）转场保养。在施工升降机转移到新工地安装使用前，需进行一次全面的维护保养，保证施工升降机状况完好，确保安装、使用安全。

2）闲置保养。施工升降机在停放或封存期内，至少每月进行一次保养，重点是清洁和防腐，由专业维修人员进行。

（1）日常维护保养的内容

每班开始工作前应当进行检查和维护保养，包括目测检查和功能测试，有严重情况的应当报告有关人员停用、维修。检查和维护保养情况应当及时记入交接班记录。检查一般应包括以下内容：

1）电气系统与安全装置。检查内容：

① 线路电压是否符合额定值及其偏差范围。

② 机件有无漏电。

③ 限位装置及机械电气联锁装置工作是否正常、灵敏、可靠。

2）制动器。检查制动器性能是否良好，能否可靠制动。

3）标牌。检查机器上所有标牌是否清晰、完整。

4）金属结构。检查内容：

① 施工升降机金属结构的焊接点有无脱焊及开裂。

② 附墙架固定是否牢靠。

③ 停层过道是否平整。

④ 防护栏杆是否齐全。

⑤ 各部件连接螺栓有无松动。

5）导向滚轮装置。检查内容：

① 侧滚轮、背轮、上下滚轮部件的定位螺钉和紧固螺栓有无松动。

② 滚轮是否能灵活转动，与导轨的间隙是否符合规定值。

6）对重及其悬挂钢丝绳。检查内容：

① 对重运行区内有无障碍物，对重导轨及其防护装置是否正常、完好。

② 钢丝绳有无损坏，其连接点是否牢固、可靠。

7）地面防护围栏和吊笼。检查内容：

① 围栏门和吊笼门是否启闭自如。

② 通道区有无其他杂物堆放。

③ 吊笼运行区间有无障碍物，笼内是否保持清洁。

8）电缆和电缆引导器。检查内容：

① 电缆是否完好、无破损。

② 电缆引导器是否可靠、有效。

9）传动、变速机构。检查内容：

① 各传动、变速机构有无异响。

② 蜗轮箱油位是否正常，有无渗漏现象。

10）润滑系统。检查润滑系统有无漏油、渗油现象。

（2）月度维护保养的内容

月度维护保养除按日常维护保养的内容和要求进行外，还要按照以下内容和要求进行。

1）导向滚轮装置。检查滚轮轴支承架紧固螺栓是否可靠紧固。

2）对重及其悬挂钢丝绳。检查内容：

① 对重导向滚轮的紧固情况是否良好。

② 天轮装置工作是否正常可靠。

③ 钢丝绳有无严重磨损和断丝。

3）电缆和电缆导向装置。检查内容：

① 电缆支承臂和电缆导向装置之间的相对位置是否正确。

② 导向装置弹簧功能是否正常。

③ 电缆有无扭曲、破坏。

4）传动、减速机构。检查内容：

① 机械传动装置安装紧固螺栓有无松动，特别是提升齿轮副的紧固螺钉有否松动。

② 电动机散热片是否清洁，散热功能是否良好。

③ 减速器箱内油位是否降低。

5）制动器。检查试验制动器的制动力矩是否符合要求。

6）电气系统与安全装置。检查内容：

① 吊笼门与围栏门的电气机械联锁装置，上、下限位装置，吊笼单行门、双行门联锁等装置性能是否良好。

② 导轨架上的限位挡铁位置是否正确。

7）金属结构。检查内容：

① 重点查看导轨架标准节之间的连接螺栓是否牢固。

② 检查附墙结构是否稳固，螺栓有无松动，表面防护是否良好，有无脱漆和锈蚀，构架有无变形。

（3）季度维护保养的内容

季度维护保养除按月度维护保养的内容和要求进行外，还要按照以下内容和要求进行。

1）导向滚轮装置。

① 检查导向滚轮的磨损情况。

② 确认滚珠轴承是否良好，是否有严重磨损，调整与导轨之间的间隙。

2）检查齿条及齿轮的磨损情况。

① 检查提升齿轮副的磨损情况，检测其磨损量是否大于规定的最大允许值。

② 用塞尺检查蜗轮减速器的蜗轮磨损情况，检测其磨损量是否大于规定的最大允许值。

3）电气系统与安全装置。在额定负载下进行坠落试验，检测防坠安全器的性能是否可靠。

（4）年度维护保养的内容

年度维护保养应全面检查各零部件，除按季度维护保养的内容和要求进行外，还要按照以下内容和要求进行。

1）传动、减速机构。检查驱动电动机和蜗轮减速器、联轴器结合是否良好，传动是否安全可靠。

2）对重及其悬挂钢丝绳。检查悬挂对重的天轮装置是否牢固可靠，检查天轮轴承磨损程度，必要时应换轴承。

3）电气系统与安全装置。复核防坠安全器的出厂日期，对超过标定年限的，应通过具有相应资质的检测机构进行重新标定，合格后方可使用。此外，进入新的施工现场，使用前应按规定进行坠落试验。

3.3.2 维护保养的安全注意事项

在进行施工升降机的维护保养和维修时应注意以下事项：

1）应切断施工升降机的电源，拉下吊笼内的极限开关，防止吊笼被意外启动或发生触电事故。

2）在维护保养和维修过程中不得承载无关人员或装载物料，同时悬挂检修停用警示牌，禁止无关人员进入检修区域内。

3）所用的照明行灯必须采用36V以下的安全电压，并检查行灯导线、防护罩，确保照明灯具使用安全。

4）应设置监护人员，随时注意维修现场的工作状况，防止安全事故发生。

5）检查基础或吊笼底部时，应首先检查制动器是否可靠，同时切断电动机电源。采取将吊笼用木方支起等措施，防止吊笼或对重突然下降伤害维修人员。

6）维护保养和维修人员必须戴安全帽；高处作业时应穿防滑鞋，系安全带。

7）维护保养后的施工升降机应进行试运转，确认一切正常后方可投入使用。

3.3.3　施工升降机的润滑

施工升降机在新机安装后应当按照产品说明书的要求进行润滑，说明书没有明确规定的，使用满40h应清洗，并更换蜗轮减速箱内的润滑油，以后每隔半年更换一次。蜗轮减速箱应按照铭牌上的标注进行润滑。对于其他零部件的润滑，当生产厂无特殊要求时，可参照以下说明进行。

SC型施工升降机主要零部件的润滑周期、润滑部位和润滑方法见表3-3-1。

表3-3-1　SC型施工升降机润滑表

周期	润滑部位	润滑剂	润滑方法
每月	减速箱	N320蜗轮润滑油	检查油位，不足时加注
	齿条	2号钙基润滑脂	上润滑脂时升降机降下并停止使用2～3h，使润滑脂凝结
	安全器	2号钙基润滑脂	油嘴加注
	对重绳轮	钙基脂	加注
	导轨架导轨	钙基脂	刷涂
	门滑道、门对重滑道	钙基脂	刷涂
	对重导向轮、滑道	钙基脂	刷涂
	滚轮	2号钙基润滑脂	油嘴加注
	背轮	2号钙基润滑脂	油嘴加注
	门导轮	20号齿轮油	滴注
每季度	电动机制动器锥套	20号齿轮油	滴注，切勿滴到摩擦盘上
	钢丝绳	沥青润滑脂	刷涂
	天轮	钙基脂	油嘴加注
每年	减速箱	N320蜗轮润滑油	清洗、换油

SS型施工升降机主要零部件的润滑周期、润滑部位和润滑方法见表3-3-2。

表3-3-2　SS型施工升降机润滑表

周期	润滑部位	润滑剂	润滑方法
每周	滚轮	润滑脂	涂抹
	导轨架导轨	润滑脂	涂抹
每月	减速箱	30号机油（夏季） 20号机油（冬季）	检查油位，不足时加注
	轴承	ZC-4润滑脂	加注
	钢丝绳	润滑脂	涂抹
每年	减速箱	30号机油（夏季） 20号机油（冬季）	清洗，更换
	轴承	ZC-4润滑脂	清洗，更换

任务3.4　施工升降机常见故障和排除方法

施工升降机常见电气故障和排除方法见表3-4-1。

表3-4-1　施工升降机常见电气故障和排除方法

序号	故障现象	常见故障原因	故障排除方法
1	总电源开关跳闸	电路短路或相线对地短接	找出电路短路或接地的位置，修复或更换
2	按启动按钮后吊笼不运行	联锁电路开路	1. 关闭门或释放紧急按钮 2. 检查联锁电路
3	电动机启动困难，并有异常响声	1. 电动机制动器未打开或无直流电压（整流元件损坏） 2. 严重超载 3. 供电电压远低于380V	1. 恢复制动器功能（调整工作间隙）或恢复直流电压（更换整流元件） 2. 减少吊笼荷载 3. 待供电电压恢复380V再启动
4	吊笼运行时上、下限位失灵	1. 上、下限位开关损坏 2. 上、下限位开关碰铁移位	1. 更换上、下限位开关 2. 调整限位开关碰铁位置
5	电动机通电不稳定	1. 线路接触不良或端子接线有松动 2. 接触器粘连或复位受阻	1. 恢复线路，使其接触良好，紧固接线端子 2. 修复或更换接触器
6	吊笼运行时有自停现象	1. 门电气联锁开关接触不良或损坏 2. 控制装置（按钮、手柄）接触不良或损坏	1. 修复或更换门电气联锁开关 2. 修复或更换控制装置（按钮、手柄）
7	接触器易烧坏	供电电压降过大，启动电流过大	1. 缩短供电电源与施工升降机的距离 2. 加大供电电缆的截面
8	电动机容易过热	1. 制动器不同步 2. 长时间超载运行 3. 启、制动过于频繁 4. 供电电压过低	1. 调整或更换制动器 2. 减小荷载 3. 适当调整运行频次 4. 调整供电电压

施工升降机常见机械故障和排除方法见表3-4-2。

表3-4-2　施工升降机常见机械故障和排除方法

序号	故障现象	常见故障原因	故障排除方法
1	吊笼运行时忽然自行停住	1. 超载 2. 门有开关动作 3. 突然断电	1. 减小吊笼荷载 2. 门关好 3. 及时送电
2	吊笼运行时振动过大	1. 滚轮螺栓松动 2. 齿轮齿条的啮合间隙过大 3. 导轮与齿条背的间隙过大 4. 齿轮、齿条啮合缺少润滑油	1. 紧固滚轮螺栓 2. 调整齿轮齿条的啮合间隙 3. 调整导轮与齿条背的间隙 4. 添加润滑油

续表

序号	故障现象	常见故障原因	故障排除方法
3	吊笼启动或停止时有跳动	1. 电动机制动力矩过大 2. 电动机与减速箱之间联轴器内橡胶块损坏 3. 制动器间隙调整不当或动作时间调整不当	1. 调整电动机制动力矩 2. 更换电动机与减速箱之间联轴器内的橡胶块
4	吊笼运行时电动机跳动	1. 电动机的固定装置松动 2. 电动机的橡胶垫损坏或掉落 3. 减速箱与传动大板的连接螺栓松动	1. 紧固电动机的固定装置 2. 更换电动机的橡胶垫 3. 紧固减速器与传动大板的连接螺栓
5	吊笼运行时有跳动	1. 标准节立管对接阶差大 2. 标准节齿条螺栓松动，齿条对接阶差大 3. 小齿轮严重磨损	1. 调小立管对接阶差 2. 紧固齿条螺栓，调小齿条对接阶差 3. 更换全部小齿轮
6	吊笼运行时有摆动	1. 滚轮螺栓松动 2. 支撑板螺栓松动	1. 紧固滚轮螺栓 2. 紧固支撑板螺栓
7	制动器噪声大	1. 制动器止退轴承损坏 2. 制动器转动盘摆动	1. 更换制动器止退轴承 2. 调整或更换转动盘
8	吊笼启、制动时振动过大	1. 电动机制动力矩过大 2. 齿轮齿条间隙、滚轮与立管间隙不正确	1. 调整电动机制动力矩，适当放松电动机尾部调节套 2. 调整齿轮齿条间隙、滚轮与立管间隙
9	吊笼制动时下滑距离过长	1. 电动机制动力矩太小 2. 制动块（制动盘）严重磨损	1. 调整电动机制动力矩，适当拧紧电动机尾端调节套 2. 更换制动块（制动盘）
10	减速器有异常的不稳定的运转噪声	1. 油已污染 2. 油量不足	1. 更换润滑油 2. 添加润滑油
11	减速器有异常的稳定的运转噪声	1. 轴承损坏 2. 传动零件损坏	1. 更换轴承 2. 更换传动零件
12	减速器输出轴不转，但电动机转动	减速器轴键连接被破坏	更换轴或键
13	制动块磨损过快	制动器止退轴承内润滑不良，不能同步工作	润滑或更换轴承
14	减速器蜗轮磨损过快	1. 润滑油型号不正确或未按时换油 2. 蜗轮、蜗杆中心距设置不当	1. 更换润滑油 2. 按要求调整蜗轮、蜗杆中心距

岗位4

物料提升机司机

任务 4.1　掌握必备的基础知识

4.1.1　物料提升机的分类、性能及基本技术参数

根据《龙门架及井架物料提升机安全技术规范》（JGJ 88—2010）的定义，物料提升机是指用于建筑工程和市政工程，以卷扬机或曳引机为动力，吊笼沿导轨垂直运行输送物料的起重设备。

1. 分类及性能

按架体结构外形的不同，物料提升机分为龙门架式物料提升机和井架式物料提升机。

龙门架式物料提升机由两根立柱和一根横梁（天梁）组成，顶部横梁与立柱组成形如门框的架体，吊笼在两立柱间沿轨道作垂直运动。

此类提升机结构简单，安装快捷，吊笼尺寸不受架体规格限制，广泛应用于房屋建筑中空心楼板等预制构件的吊装，但其占用场地较大，稳定性能较差，安装使用高度较低。

井架式物料提升机由型钢四根立杆、多根水平及倾斜杆件组成井字架体，吊笼在井孔内作垂直运动。由于其水平截面像“井”字，所以得名为井架，也称井字架。此类提升机占用场地小，稳定性能较好，广泛应用于沿海地区，特别是广东地区现浇混凝土高、低层建筑工程。其不足之处是构件较多，安装时间较长。

按现行的行业标准《龙门架及井架物料提升机安全技术规范》（JGJ 88—2010），物料提升机安装高度在 30m 以下（含 30m）与 31m 以上时，所配置的部件、技术要求也不同。

2. 基本技术参数

目前物料提升机的型号、技术性能及基本参数一般都由生产厂家根据市场的需求自行设计制定，因此为了安全、合理地选择和科学地使用物料提升机，了解和掌握其使用范围和特性显得尤为重要。由于井架式物料提升机适用于高层建筑施工，且曳引式驱动吊笼不冲顶，不会同一时间多根钢丝绳断开而导致坠笼，同一载重量、同一提升速度下

电动机耗用的功率是卷扬式的50%，这些显著优点是卷扬式驱动无法相比的，所以广东地区广泛使用的是井架式物料提升机，且驱动形式为曳引式。以下主要介绍广东地区使用的机型。

井架式物料提升机的主要技术参数如下。

1）额定载重量：指单台吊笼设计规定的提升物料的重量（额定起重量不宜超过160kN），通常用kN表示。

2）提升高度：指吊笼设计所规定的最大提升高度，用m（米）表示。

3）提升速度：指单台吊笼设计所规定的额定起重量时的吊笼运行速度，用m/min或m/s表示。

4）架体的平面尺寸：指设计架体的最大外部尺寸，包括吊笼设计的平面尺寸或面积，用m或m^2表示。

5）曳引机型号：指井架设计所选用的曳引机型号及主要技术参数和外形尺寸、重量等。

6）安全器额定动作速度：指安全器动作时允许的最大速度，用m/s表示。

7）安全器额定制动荷载：指安全器可有效制停的最大荷载，用kN表示。

8）对重总重量：指平衡吊笼端的物体总重量，用kg表示。

9）井架总重量：指井架所规定的材料总重量，用kg或t表示。这一参数为搭设井架的基础提供了重要的依据。

10）最大架设高度：指井架设计所规定的最大架设高度，用m表示。

使用人员必须了解和熟悉这些技术参数的作用和含义，才能正确地根据在建工程的施工要求和特点合理选用并安全使用井架，制订出切实可靠的施工组织设计和安全管理措施，从而保证井架在设计所规定的条件下安全运行。

4.1.2　物料提升机的基本结构及工作原理

井架式物料提升机是以底架、天梁、立杆、多根水平及倾斜杆件为架体，架体内配置吊笼、导轨，架体外安装对重系统，再装设滑轮、钢丝绳、安全装置、曳引机、电气系统，构成完整的垂直运输体系。操控电气系统，曳引机动力通过钢丝绳使吊笼沿架体内的导轨垂直运行，实现物料的垂直输送。本节主要介绍井架式物料提升机（图4－1－1）的基本结构和工作原理。

1. 架体

架体是物料提升机最重要的钢结构件，是支承天梁的结构件，承载吊笼的垂直荷载，承担着载物重量，兼有运行导向和整体稳固的功能。架体的主要构件有底架、立杆、多根水平及倾斜杆件、导轨和天梁。型钢井架的常见规格见表4－1－1。

（1）底架

底架的作用是保证架体与基础有坚固的连接。底架由4根槽钢焊接或拼接而成，与基础用预埋螺栓连接，如图4－1－2所示。

图 4-1-1 井架式物料提升机

表 4-1-1 型钢井架的规格和技术要求

<table>
<tr><th rowspan="2">项　目</th><th colspan="2">普通型钢井架</th></tr>
<tr><th>Ⅰ（30m以上）</th><th>Ⅱ（30m及以下）</th></tr>
<tr><td>构造说明
（尺寸单位为mm）</td><td>立柱∟90×8
平撑∟63×6
斜撑∟50×5
连接板厚δ=8
连接螺栓M16或M14
节间尺寸1800
内导轨［6.3，外导轨φ48×3</td><td>立柱∟75×6
平撑∟50×5
斜撑∟40×4
连接板厚δ=6
连接螺栓M14
节间尺寸1800
内导轨［6.3，外导轨φ48×3</td></tr>
<tr><td>井孔尺寸（m）</td><td>3×2.1，3×2，
2.1×2.1，2.2×2.2</td><td>3×2.1，3×2，
2.1×2.1，2.2×2.2</td></tr>
<tr><td>吊盘尺寸：
宽×长（m）</td><td>2.68×1.86，2.68×1.76，
1.78×1.86，1.88×1.96</td><td>2.68×1.86，2.68×1.76，
1.78×1.86，1.88×1.96</td></tr>
<tr><td>起重量（kg）</td><td>600～800</td><td>600～800</td></tr>
<tr><td>缆风设置</td><td>附着于建筑物，不设缆风绳，应设置附墙架</td><td>高度15m以下时设一道，15m以上时每增高10m增设一道，顶部另设一道；缆风宜用9mm的钢丝绳，与地面夹角为45°～60°</td></tr>
<tr><td>搭设安装要点</td><td>单根杆件，螺栓，要求尺寸准确、结合牢固</td><td>单根杆件，螺栓连接，要求尺寸准确、结合牢固</td></tr>
<tr><td>适用范围</td><td>适用于高层民用建筑砌筑和装修材料的垂直运输</td><td>适用于低层民用建筑砌筑和装修材料的垂直运输</td></tr>
</table>

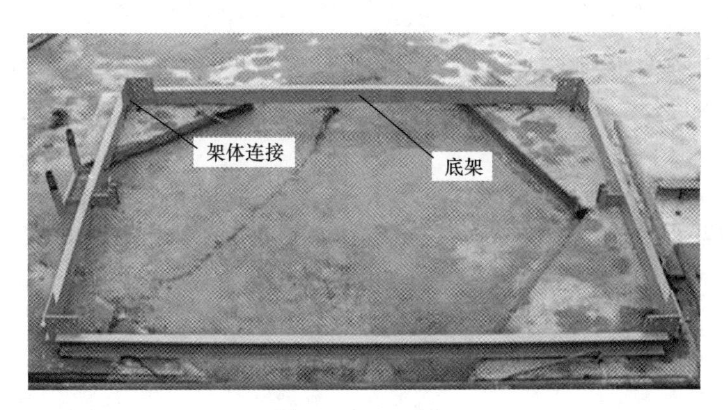

图 4-1-2　底架

(2) 立杆

立杆由型钢或钢管与连接板焊接或铆接组成，是连接底架、斜杆、水平杆的中心，是提升机最主要的受力杆件之一（图 4-1-3）。其截面的大小根据吊笼的布置和受力及架体设计总高度的需要经计算确定。

(3) 导轨

导轨分为内导轨与外导轨，内导轨是装设在架体内、保证吊笼沿着架体上下平稳运动的重要构件，外导轨是装设在架体外、保证对重上下平稳运动的部件。导轨的形式比较多，常见的导轨以角钢、槽钢、钢管等型钢制作而成，如图 4-1-4 所示。

图 4-1-3　立杆

图 4-1-4　导轨

（4）天梁

天梁是安装在架体顶部的横梁，是重要的受力部件，梁上装有一套钢丝绳转向滑轮组（图 4-1-5）。天梁承受吊笼自重、所吊物料重量及平衡对重，应使用型钢制作，其截面大小应经计算确定，但不得小于 2 根 [14 槽钢。

（5）天梁支承八字杆

天梁安装于架体最高的水平杆上。由于靠近主机端的水平杆要承受额定荷载、吊笼自重、对重、钢丝绳重量等荷载，水平杆件所承担的荷载远远大于天梁，而该水平杆跨度大，荷载全靠八字杆承担，所以八字杆是整个架体最重要的受力部件，要绝对保证八字杆不能漏装杆件及螺栓，如图 4-1-6 所示。

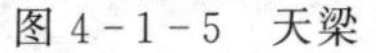
图 4-1-5　天梁

图 4-1-6　八字杆

（6）附墙架

附墙架是稳固架体的部件。当架体的安装高度超过设计的最大独立高度时必须安装附墙架。附墙架由预埋螺栓或预埋钢管与附着杆连接，附着杆另一端与架体用螺栓连接，如图 4-1-7 所示。根据《龙门架及井架物料提升机安全技术规范》（JGJ 88—2010）的规定，附墙架与导轨架及建筑结构采用刚性连接，不得与脚手架连接。附墙架间距、自由端高度不应大于使用说明书的规定值。

2. 吊笼

用于盛放运输物体、可上下运行的笼状结构件统称为吊笼。吊笼是供装载物料上下运行的部件（图 4-1-8）。吊笼由横梁、侧柱、底板、两侧立面网板、顶板、斜拉杆和进出料层门等组成。常见的吊笼以型钢、钢板、网板焊接成框架，再铺 50mm 厚木板或焊有防滑钢板作为载物底板。层门及两侧立面用网板全高度密封，底下 180mm 以上设置挡脚板，以防物料或装货小车滑落。吊笼顶部还应设防护顶板，形成吊笼状。吊笼上部设有与提升钢丝绳连接的 4 根吊杆，笼体侧面装有导靴及防坠安全器安全钳。

图 4-1-7　附墙架

图 4-1-8　吊笼

3. 对重系统

驱动形式为曳引机的物料提升机设有对重系统，由对重架、钢丝绳张力平衡部件、对重块、对重架导靴等组成。对重系统的重量与吊笼满载时的重量成一定比例，用来相对平衡吊笼重量，又称为平衡重。为保证曳引系统传动正常，钢丝绳端设有张力平衡部件，用来平衡多根各自独立的钢丝绳，使其受力一致。对重块应标明质量并涂警告色，如图 4-1-9 所示。

图 4-1-9　对重系统

4. 传动机构及传动部件

（1）曳引机

曳引机是广东等沿海地区物料提升机上普遍使用的提升机构，由安装底架、电动机、联轴器、制动器、减速器、曳引轮等组成（图 4-1-10）。电动机通过联轴器与减速机的输入轴相连，由减速机来完成减慢转速、增大扭矩的变换后，驱动曳引轮，使曳引钢丝绳牵引吊笼上下运动。当电动机断电时，常闭式制动器产生制动力，使与之啮合的减速机和曳引轮停止转动，保持静止状态。

（2）滑轮与钢丝绳

装在天梁上的滑轮称为天轮，装在架体底部的滑轮称为地轮。滑轮按钢丝绳的直径选用，绳径比为 1∶30。

驱动形式为卷扬机的物料提升机，钢丝绳通过天轮、地轮，一端固定在吊笼的吊杆上，另一端与卷扬机卷筒锚固。地轮仅用于用卷扬机驱动的形式，且卷扬机的安装需远离架体。

驱动形式为曳引机的物料提升机仅有天轮和曳引轮，钢丝绳通过曳引轮及天轮穿绕后，一端固定在吊笼吊杆上，另一端固定在对重架上的钢丝绳端张力平衡部件，通过曳引轮曳引吊笼及对重上下相对运动，如图 4-1-11 所示。

图 4-1-10　曳引机

图 4-1-11　曳引机的工作原理

图 4-1-12　导靴

（3）导靴

导靴是安装在吊笼（对重架）上，沿导轨运行的装置，可防止吊笼（对重架）运行中偏移或摆动，保证吊笼（对重架）垂直上下运行。其形式有滚动导靴和滑动导靴。根据《龙门架及井架物料提升机安全技术规范》（JGJ 88—2010）的规定，吊笼应采用滚动导靴，如图 4-1-12 所示。

5. 安全装置

物料提升机的安全装置主要包括起重量限制器、防坠安全器、安全停靠装置、限位和极限开关、紧急断电开关、进料口防护棚、停层平台、缓冲器、操作室、防护围栏及进料门、防雷装置、平台门等。

(1) 起重量限制器

起重量限制器一般分为机械式和电子式两种。

机械式起重量限制器俗称拉力环，外形如图 4-1-13 所示。其工作原理为：钢环内装有两片弓形板与微动开关，当钢环受拉发生微量变形，弓形板可将微量的变形放大而触动微动开关，实现吊笼的物料重量达到额定荷载的 90%时发出预警信号，当吊笼的物料重量达到或大于额定荷载的 100%时断电停机，防止吊笼超载引起钢丝绳、架体或其他构件损坏而造成安全事故。

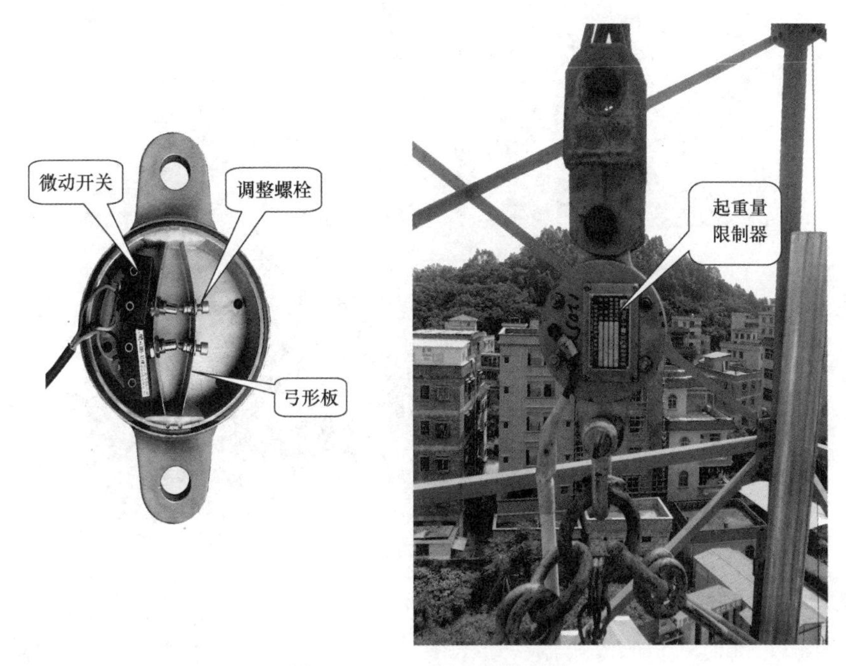

图 4-1-13 起重量限制器

电子式起重量限制器由传感器销轴与单片机组成。因传感器销轴要装于吊笼上，随吊笼作上下几十米高度的运行，传感器信号线超长，不好处理，且单片机工作环境差，故障率相比机械式多，所以较少采用电子式起重量限制器。

(2) 防坠安全器

目前广泛应用的井架式物料提升机防坠安全器由限速器、重锤、重锤导轨、钢丝绳、脱扣装置、安全钳等部件组成，如图 4-1-14 所示。国家标准《吊笼有垂直导向的人货两用施工升降机》(GB 26557—2011) 第 5.6.2.6 条规定：安全装置应安装在吊笼上，并由吊笼超速来直接触发。按上述定义，安全装置必须安装于吊笼上，才能防止因吊笼断绳、制动器失灵或曳引机断轴等而产生的吊笼坠落。行业标准《施工升降机防坠安全器》(JG 5058—1995) 第 5.1.1 条规定：安全器在升降机正常作业时不得动作，当吊笼超速运行，其速度达到安全器的动作速度时，安全器应立即动作，并可靠地使吊笼制停。以上两标准均明确规定由吊笼超速来直接触发安全钳动作，单一功能的断绳保护装置不满足防坠安全器标准定义的技术要求。

图 4-1-14　防坠安全器

防坠安全器分为瞬时式防坠安全器和渐进式防坠安全器两种，其主要区别在于当吊笼超速下坠时，瞬时式防坠安全器一动作马上制停吊笼，因没有制停距离，容易造成结构损坏，而渐进式防坠安全器有 0.25～1.2m 的制动距离，不易造成结构损坏。按照《龙门架及井架物料提升机安全技术规范》（JGJ 88—2010）的规定，架体在 30m 以上的物料提升机必须使用渐进式防坠安全器。

1）限速器。如图 4-1-15 所示，限速器有一个测速轮，由于重锤的作用力，限速器的钢丝绳对测速轮（轮体结构为曳引轮）产生了压力，吊笼上下运行的速度通过钢丝绳传递给测速轮。额定速度运行时钢丝绳带动测速轮跟随吊笼正常运行，若吊笼超速，测速轮的旋转速度也跟随加快，转速越快，相应的离心力越大。当离心力克服图 4-1-15 中调定的弹簧拉力时，离心块棘爪向棘轮齿移动，棘爪卡入棘轮齿后制停测速轮，钢丝绳不能跟随吊笼运行而拉动吊笼顶部的触发机构的卷筒旋转，触发安全钳动作。限速器的额定动作出厂时已由专用仪器调定，封盖螺栓有漆封，不得自行拆盖调整。

2）安全钳。安全钳上有一个杠杆止动钩，使导轨两边的斜楔块与导轨保持一定的间距，当触发机构动作，卷筒的钢丝绳使杠杆止动钩脱扣，杠杆受两条拉力弹簧的作用，将导轨两边的斜楔块向上提起，实现制停吊笼，如图 4-1-16 所示。

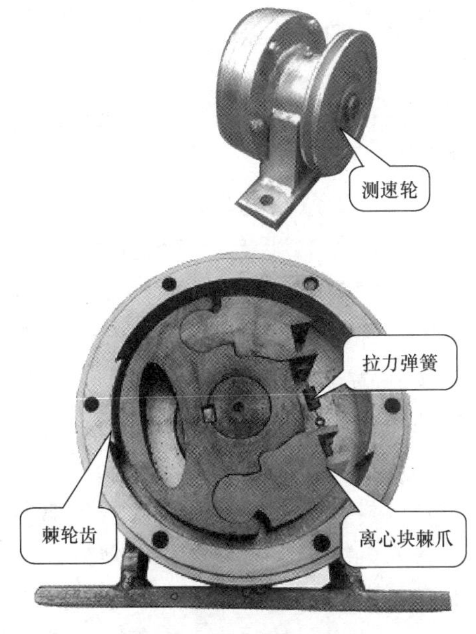

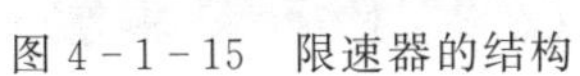
图 4-1-15 限速器的结构

图 4-1-16 安全钳的结构

(3) 安全停靠装置

吊笼运行到位时，当吊笼门开启，联动机构使安全刀处于导轨的内卡板上，如图 4-1-17 所示。安全停靠装置应能可靠地将吊笼定位，并能承担吊笼自重、额定荷载及运料人员和装卸物料时的工作荷载。

(4) 限位和极限开关

限位和极限开关是限制吊笼在一定的距离内正常运行的安全装置，安装于上部的称为上限位，安装于下部的称为下限位。为防止限位失灵，于上限位行程外设多一道极限保护的称为上极限，于下限位行程外设多一道极限保护的称为下极限。限位保护和极限保护一般采用行程开关实现，如图 4-1-18 所示。不同的是，限位开关为自动复位，极限开关为非自动复位；限位开关控制电动机正转或反转电路，极限开关控制总电源。

图 4-1-17 安全停靠装置

图 4-1-18 限位行程开关

自动复位与非自动复位的区别在于，当开关受外力作用时，开关内的触头接通或断开，当外力消失时，自动复位的触头接通或断开自动复原，而非自动复位的要靠手动操控复原。

限位开关不能当作自动停机功能使用。

(5) 紧急断电开关

在操作台上有一个红色急停按钮，在紧急情况下能及时切断提升机构的总控制电源（图 4-1-19）。急停按钮为非自动复位，需复位时将按钮帽沿顺时针方向旋转即可。

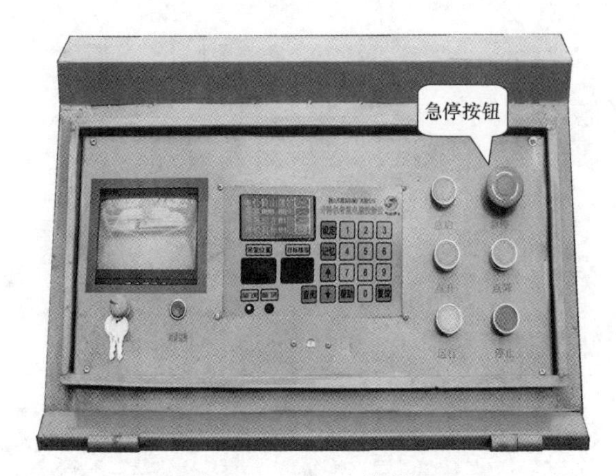

图 4-1-19　急停按钮

(6) 进料口防护棚

进料口防护棚非常重要，是地面运料人员经常出入和停留的地方。吊笼在运料过程中易发生落物伤人事故，因此搭设进料口防护棚是防止落物伤人的有效措施（图 4-1-20）。根据《建筑施工高处作业安全技术规范》（JGJ 80—2016）第 7.1.2 条，地面进料口防护棚应满足以下要求：

1) 当安全防护棚供非机动车辆通行时，棚底至地面高度不应小于 3m；当安全防护棚供机动车辆通行时，棚底至地面高度不应小于 4m。

2) 当建筑物高度大于 24m 并采用木质板搭设时，应搭设双层安全防护棚。两层防护的间距不应小于 700mm，安全防护棚的高度不应小于 4m。

3) 当安全防护棚的顶棚采用竹笆或木质板搭设时，应采用双层搭设，间距不应小于 700mm；当采用木质板或与其等强度的其他材料搭设时，可采用单层搭设，木板厚度不应小于 50mm。防护棚的长度应根据建筑物高度与可能坠落半径确定。

图 4-1-20　进料口防护棚

(7) 停层平台

停层平台的搭设应形成独立架体，不得借助物料提升机架体或脚手架立杆作为停层平台的传力杆件，以避免物料提升机架体或脚手架产生附加力矩，保证物料提升机与架体的稳定性（图 4-1-21）。

停层平台不能作堆场使用，吊笼内的物料离开吊笼后应及时转移到施工楼层，防止停层平台超负荷而塌陷。停层平台应满足以下要求：

图 4-1-21　停层平台

1）停层平台的搭设应符合现行行业标准《建筑施工扣件式钢管脚手架安全技术规范》（JGJ 130—2011）及其他相关标准的规定，并能承受 $3kN/m^2$ 的荷载［《龙门架及物料提升机安全技术规范》（JGJ 88—2010）第 6.2.2 条第 1 款］。

2）作业层脚手板应铺满、铺稳、铺实［《建筑施工扣件式钢管脚手架安全技术规范》（JGJ 130—2011）第 6.2.4 条第 1 款］。

3）板的两端均应固定于支承杆件上［《建筑施工扣件式钢管脚手架安全技术规范》（JGJ 130—2011）第 6.2.4 条第 4 款］。

（8）平台门

平台门为物料提升机的重要安全装置，应采用工具式、定型化平台门，强度应满足任意 $500mm^2$ 的面积上作用 300N 的力，在边框任意一点作用 1kN 的力时不应产生永久变形。平台门开启高度不应小于 1.8m，门高度亦不宜小于 1.8m，宽度与吊笼门宽度差不应大于 200mm，并应安装在台口外边缘处，与台口外边缘的水平距离不应大于 200mm。平台门下边缘以上 180mm 内应采用厚度不小于 1.5mm 的钢板封闭，与台口上表面的垂直距离不宜大于 20mm。平台门应向停层平台内侧开启，并应处于常闭状态，如图 4-1-22 所示。

（9）缓冲器

缓冲器是设置在架体底部坑内，用于缓解因操作不当使吊笼下坠速度过快或下限位器失灵时产生的冲击力的防护装置，该装置应能承受并吸收吊笼满载时和以规定速度下降时产生的相应冲击力。缓冲器的材料有多种，弹簧或轮胎等弹性实体是常见的两种，放在物料提升机架体内的基础上，作用是减小吊笼与混凝土基础的直接冲击，减轻吊笼的损伤。

（10）操作室

物料提升机应配置操作室，其用途为保证操作司机的安全。根据《龙门架及井架物料提升机安全技术规范》（GJ 88—2010）的规定，操作室应为定型化、装配式，且应具有防雨功能。操作室应有足够的操作空间，顶部任意 $0.01m^2$ 的面积应能抵抗 1.5kN 的

图 4-1-22　平台门

力；当安装位置不满足规范规定的防坠落半径时，顶部应加设防护顶棚。

（11）防护围栏及进料门

物料提升机底部必须设置防护围栏及进料门进行围护，防止运动部件运动时有人进入造成机械伤害。根据《龙门架及物料提升机安全技术规范》（JGJ 88—2010），防护围栏及进料门的高度和强度应符合规范要求，推荐做法见图 4-1-23。

图 4-1-23　防护围栏及进料门

1）围栏高度不应小于1.8m，围栏立面可采用网板结构。

2）进料门的开启高度不应小于1.8m，应有电气安全开关，吊笼应在进料门关闭后才能启动。

3）围栏网板孔径应小于25mm，其任意500mm²的面积上作用300N的力，在边框任意一点作用1kN的力时，不应产生永久变形。

（12）避雷装置

当物料提升机未在其他防雷保护范围内时，应在其顶端设置避雷装置。避雷装置一般为避雷针（接闪器），长度应为1～2m；防雷引下线可利用该设备或设施的金属结构体，但应保证电气连接。做防雷接地机械上的电气设备，所连接的PE线必须同时做重复接地；同一台机械电气设备的重复接地和机械的防雷接地可共用同一接地体，但接地电阻应符合重复接地电阻值的要求，接地电阻值不得大于30Ω，如图4－1－24所示。

图4－1－24 避雷装置

6. 自升平台

自升平台是架体标准节安装、拆除的作业平台，组成部件有平台架体、导靴、防护栏杆、防坠器、吊杆、爬升系统等（图4－1－25）。通过启动升降动力机构，将平台升到适合安装操作的高度，可安全、方便地拼装钢井架架体的杆件。由于设有防护栏杆，解决了以往操作人员身上的安全带无法实现“高挂低用”的难题。

平台两侧立柱的导靴之间有两把防坠安全刀（图 4－1－26），在平台上升过程中，两把安全刀会自动相互交替避让内导轨的停承板，当其中一把避让时，另一把保持平行状态，防止平台下坠。当平台下降时，安全刀须人为避让内导轨的停承板；每边只能操作一把刀避让，不能两把刀同时操作。

图 4－1－25　自升平台

图 4－1－26　防坠安全刀

4.1.3　物料提升机司机安全操作规程

根据建设部令第 166 号和《龙门架及井架物料提升机安全技术规范》（JGJ 88—2010）的规定，安装单位必须取得相关安装资质，作业人员必须经专门的安全作业培训，并经省级建设主管部门考核合格，取得相应的特种作业操作资格证方可上岗作业。

1）操作人员必须经过安全技术培训，熟悉物料提升机的技术性能、机械性能、安全知识和管理制度，经考核合格后，持有效证件方能独立操作。不准将物料提升机交由无证人员操作。

2）物料提升机操作室必须符合防雨、防火和抗冲击的要求；控制台、井架、主机和开关箱及接电源线安装完毕后，必须经验收合格挂牌方可使用。

3）作业前操作人员必须进行日常检查，在确认提升机正常后方可投入作业。检查内容包括：

① 地锚与缆风绳的连接有无松动。

② 空载提升吊笼做一次上下运行，验证是否正常，并同时碰撞限位器和观察安全门是否灵敏、完好。

③ 在额定荷载下，将吊笼提升至离地面 1～2m 的高度停机，检查制动器的可靠性

和架体的稳定性。

④ 安全停靠装置和防坠安全器的可靠性。

⑤ 吊笼运行通道内有无障碍物。

⑥ 作业司机的视线或通信装置的使用效果是否清晰、良好。金属结构有无开焊和明显变形。

4）物料在吊笼内应均匀分布，不得超出吊笼。零星物料应用盛器放载，严禁超载、超高、超长，严禁载人上落。

5）严禁人员攀登、穿越提升机架体和架底。

6）操作时精神集中，不得离开岗位。在开机中要密切注意平台口、通道口等处是否有装运工等人员将头、手伸入井架架体内或爬架，或穿过吊笼底部，防止意外事故的发生。有人在吊笼内未离开前不准开机。

7）井架各层联络要有明确的信号和楼层标记，使用对讲系统时防止多层信号干扰，信号不清不得开机，防止误操作。但在作业过程中，不论任何人发出紧急停机信号，都应当立即执行。

8）闭合主电源前或作业中突然断电时，应将所有开关扳回零位。重新恢复作业前，应在确认提升机动作正常后方可继续使用。

9）发生故障或停电，必须采用按动主机刹车吸铁的方法，慢速地将吊笼放回地面。

10）发现安全装置、通信装置失灵时，应立即停机修复。作业中不得随意使用极限限位装置作为停层用途。

11）使用中要经常检查钢丝绳、滑轮的工作情况，如发现磨损严重，必须按照有关规定及时更换。

12）架上的平撑拉结、斜撑、缆风绳、各种安全装置、安全防护和标志等严禁随意拆除。若施工时需要拆除井架内侧的斜撑，应经工长批准，但不准连续拆除三个标准节内侧的斜撑。

13）提升机不得装设摇臂扒杆。

14）井架必须高于顶层作业层平台口6～8m，确保吊笼升高的余位。

15）夜间工作时，工作场地应有足够的照明装置。

16）物料提升机运行过程中不得进行任何维修保养、调整工作。

17）遇六级及以上大风或大雨时，应停止作业。

18）吊笼卸料时要及时将物料转入楼层，卸料平台不得堆放材料，防止平台超重坍塌。

19）作业后，将吊笼放至地面，各控制开关扳至零位，切断主电源，锁好闸箱，做好清洁、润滑、保养工作，做好交接班记录。

4.1.4 物料提升机主要零件及易损件的报废标准

1. 井架结构件

井架结构件出现下列情况之一的应报废：

1）井架的金属结构件由于腐蚀或磨损而使结构的计算应力提高，当超过原计算应力的15%时应予报废。

2）无计算条件的，当腐蚀深度达原厚度的10%时应予报废。

3）井架的架体出现变形，失去整体稳定性时应报废。如局部有损坏并可修复，则修复后不应低于原结构的承载能力。

4）结构件及焊缝出现裂纹时，应根据受力和裂纹情况采取加强或重新施焊等措施，并在使用中定期观察其发展。无法消除裂纹影响的应予以报废。

2. 钢丝绳

钢丝绳出现下列情况之一的应报废：

1）钢丝绳断丝超过7%。

2）表面磨损超过钢丝绳直径的10%。

3）出现断股。

4）出现严重压扁。

5）钢丝绳直径相对公称直径减少超过7%。

6）由于腐蚀，钢丝绳表面出现深坑，钢丝之间松弛。

7）变形。

① 波浪形变形。当出现此变形，在钢丝绳长度不大于$25d$的范围内，若$d_1 \geqslant (4/3)d$，则钢丝绳应报废（d为钢丝绳公称直径，d_1为钢丝绳变形后包络的直径）。

② 笼形畸变。应立即报废。

③ 绳股挤出。应立即报废。

④ 钢丝挤出。应立即报废。

⑤ 绳径局部增大。应立即报废。

⑥ 扭结。严重扭结的应立即报废。

⑦ 绳径局部减小。局部严重减小的应立即报废。

⑧ 部分压扁。严重压扁的应立即报废。

⑨ 弯折。应立即报废。

⑩ 由于热或电弧作用而引起的损坏。当出现了可识别的颜色时，应立即报废。

3. 滑轮

滑轮有下列情况之一的应予以报废：

1）裂纹或轮缘破损。

2）滑轮绳槽壁厚磨损量达原壁厚的20%。

3）滑轮槽底的磨损量超过相应钢丝绳直径的25%。

4. 制动器

制动器有下列情况之一的应予以报废：
1）可见裂纹。
2）制动块摩擦衬垫磨损量达原厚度的1/2。
3）制动轮表面磨损量达1.5～2mm。
4）弹簧出现塑性变形。

5. 防坠安全器

防坠安全器出厂满一年后必须送有资质的单位检测，经检测合格才能使用；出厂超过五年的必须报废。

任务4.2 物料提升机的检查

4.2.1 物料提升机使用前的自行检查

物料提升机安装后应由使用单位委托有资质的第三方单位按《龙门架及井架物料提升机安全技术规范》（JGJ 88—2010）和设计规定进行检验，确认合格，发给使用证后方可交付使用。使用单位在安装后的自行检查宜包含以下内容：
1）基础有无验收资料；基础表面是否平整、有无积水。
2）金属结构有无开焊和明显变形。
3）架体各节点连接螺栓是否紧固。
4）附墙架缆风绳地锚位置和安装情况。
5）架体的安装精度是否符合要求。
6）安全防护装置是否灵敏、可靠。
7）提升主机的位置是否合理。
8）电气设备及操作系统的可靠性。
9）视频监控装置的使用效果是否良好、清晰。
10）钢丝绳滑轮组的固接情况。
11）提升机与输电线路的安全距离及防护情况。

4.2.2 物料提升机启动前的检查

物料提升机启动前首先检查并确认以下项目：
1）电源箱和总电源开关是否打开，提升机上电源是否接通。
2）急停按钮是否打开。
3）极限开关是否正常。

4）吊笼门、层门是否关闭。

5）外笼门是否关闭。

6）防坠安全器有无动作、是否正常。

7）保护开关是否掉闸。

8）对讲系统是否畅通。

9）监控视频是否清晰。

如果排除上述各项后仍不能启动吊笼，则请维修人员进行处理。

4.2.3 定期检查

1. 每天检查

1）检查外电源箱总开关、总接触器是否吸合。

2）检查上下限位开关、极限开关及其碰铁，可靠、有效试验外笼门上的安全开关：打开外笼门，吊笼应不能启动。

3）逐一进行下列开关的安全试验，每次试验时吊笼不能启动。

① 打开单开门。

② 打开双开门。

③ 按下急停按钮。

④ 触动防坠安全器电气开关。

⑤ 检查吊笼及对重通道，应无障碍物。

2. 每周检查

1）检查各润滑部分，应润滑良好。

2）检查所有附墙架的连接螺栓、所有杆件的连接螺栓是否牢固。

3）检查天轮转动是否灵活，有无异常声音。

4）检查对重导轨轮是否转向灵活，有无异常声音。

5）检查电动机及减速器有无异常发热及噪声。

任务 4.3 物料提升机的维护保养

4.3.1 物料提升机维护保养常识

为保证物料提升机正常运转，防止事故发生，必须建立维护保养制度。

1）维修保养时应将所有控制开关扳至零位，切断主电源，并在闸箱处挂禁止合闸标志，必要时应设专人监护。

2）提升机处于工作状态时不得进行保养、维修，排除故障应在停机后进行。

3）维修和保养提升机架体顶部时应搭设上人平台，并应符合高处作业要求。

4.3.2　物料提升机的日常检查保养

在运行使用过程中，除了定期维护保养外，使用单位还应负责对设备本身及其安全保护装置、吊具、索具等进行日常检查、维护、保养管理工作。日常检查内容有：

1）检查地锚与缆风绳的连接有无松动。

2）空载检查。

3）检查制动器。

4）检查安全停靠装置和断绳保护装置的可靠性。

5）检查吊篮运行通道内有无障碍物。

6）检查作业司机的视线或通信、视频装置的使用效果是否清晰、良好。

7）作业司机要办好当班的交接班手续。

4.3.3　物料提升机的定期维护保养

定期维护保养应根据物料提升机的实际作业时间和设备的状况确定，其保养次数一般每月不少于1次，施工高峰期、使用频率较高时应相应增加维护保养次数。物料提升机定期维护保养、定期检查的部位、方法及要求如下。

1. 基础排水设施及基座螺栓松紧的检查

（1）基础排水设施

检查部件：架体与主机的基础部位。

检查方法及要求：采用目测检查。基础部位相对周边地面较低的，应有拦水围基，并有排水措施。严禁基础部位积水。

（2）基础与底座螺栓紧固状态

检查部件：主机、架体的基础与底座。

检查方法及要求：采用目测检查，检查连接的螺母是否紧贴底座钢板，并不得漏装螺母。

2. 安全停靠装置、起重量限制器、防坠安全器的检查

（1）安全停靠装置

检查方法及要求：操控检查。安全停靠装置应与吊笼门机械联动，吊笼停靠楼层后，手动打开该吊笼门时，安全停靠装置的支承刀应进入可靠位置。

（2）起重量限制器

检查方法及要求：当荷载达到额定起重量的90%时，限制器应发出警报信号；当荷载达到额定荷载的110%时，限制器应切断上升主电路电源，使吊笼制停。

（3）防坠安全器

检查方法及要求：当吊笼提升钢丝绳意外断绳时，防坠安全器应制停带有额定起重量的吊笼，且不应造成结构破坏。防坠安全器每月必须在距地面10m左右进行一次额定荷载的模拟断绳坠落试验。

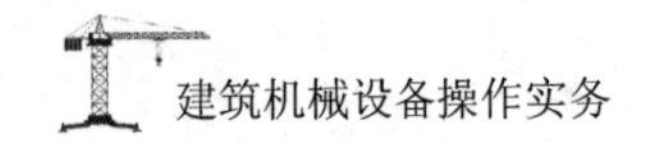

3. 电气系统、急停开关及极限开关的检查

(1) 控制台

检查方法及要求：操控检查。选用自动停层系统，检查停层是否准确、可靠。运行中按急停按钮，检查是否停总接触器。急停按钮应为非自动复位。

(2) 电气系统的主电路、二次线路

检查方法及要求：目测检查电控箱应干净、干燥，主触头无烧损；仪表测量主电路和控制电路的对地绝缘电阻和相间绝缘电阻应不小于 0.5MΩ。

(3) 层门报警系统

检查方法及要求：操控检查。层门没有完全关闭时不能启动运行；运行时如有层门突然打开，主机即时停止并报警。报警系统应在吊笼处于停靠的楼层打开层门时不报警，但显示该层门打开；凡非吊笼正常停靠的楼层门打开，报警系统均应发出报警讯响，并显示所有打开的层门。

(4) 监视系统

检查方法及要求：①目测检查。停层及运行时在监视器中应能清晰观察到吊笼内与层门口的状况。②操控检查。上、下对讲音质应清晰、响亮。

(5) 急停开关

检查方法及要求：操控检查。按下急停开关，应能及时切断提升机的总控制电源，不能只切断上升或下降的接触器；此时按动总启动按钮，上升、下降均不能动作。

(6) 上下限位、极限开关

检查方法及要求：操控检查。慢速开动吊笼到各限位及极限位置，检查各功能是否实现。限位开关为自动复位，极限开关为非自动复位。上限位动作后，吊笼能下不能上，下限位反之。上、下极限开关动作后，吊笼上、下均不能运行，手动复位后才能运行。

4. 层门的机械或电气联锁的维护检查

检查部件：井字架的层间门。

检查方法及要求：操控检查。机械联锁：当吊笼处于非停靠的楼层，该楼层的层间门不能打开。电气联锁：没有关闭全部层间门时，吊笼不能启动；当吊笼运行时，若某一层间门打开，吊笼即断电停止运行。

5. 钢丝绳磨损与润滑的检查及保养

检查部件：钢丝绳。

检查方法及要求：目测检查。钢丝绳应润滑良好，不应与金属结构摩擦，不得出现绳股断裂、扭结、压扁、弯折、波浪形变形、笼状畸变、绳股挤出、钢丝挤出、绳径局部增大、外部腐蚀、内部腐蚀、热力作用损坏。

尺量检查时不得出现：

1) 钢丝绳直径相对于公称直径减小达 7%或更多。

2）严重断丝，断丝数达到或超过表 4－3－1 的规定。

表 4－3－1　圆股钢丝绳中断丝根数的控制标准（根）

外层绳股承载钢丝数 n	钢丝绳典型结构示例（参见 GB 8918—2006、GB/T 20118—2006）	起重机用钢丝绳必须报废时与疲劳有关的可见断丝数							
		机构工作级别							
		M1、M2、M3、M4				M5、M6、M7、M8			
		交互捻		同向捻		交互捻		同向捻	
		长度范围				长度范围			
		$\leqslant 6d$	$\leqslant 30d$	$\leqslant 6d$	$\leqslant 30d$	$\leqslant 6d$	$\leqslant 30d$	$\leqslant 6d$	$\leqslant 30d$
$n\leqslant 50$	6×7	2	4	1	2	4	8	2	4
$51\leqslant n\leqslant 75$	6×19S	3	6	2	3	6	12	3	6
$76\leqslant n\leqslant 100$	—	4	8	2	4	8	16	4	8
$101\leqslant n\leqslant 120$	8×19S，6×25Fi	5	10	2	5	10	19	5	10
$121\leqslant n\leqslant 140$	—	6	11	3	6	11	22	6	11
$141\leqslant n\leqslant 160$	8×25Fi	6	13	3	6	13	26	6	13
$161\leqslant n\leqslant 180$	6×36WS	7	14	4	7	14	29	7	14
$181\leqslant n\leqslant 200$	—	8	16	4	8	16	32	8	16
$201\leqslant n\leqslant 220$	6×41WS	9	18	4	9	18	38	10	19
$221\leqslant n\leqslant 240$	6×37	10	19	5	10	19	38	10	19
$241\leqslant n\leqslant 260$	—	10	21	5	10	21	42	10	21
$261\leqslant n\leqslant 280$	—	11	22	6	11	22	45	11	22
$281\leqslant n\leqslant 300$	—	12	24	6	12	24	48	12	24
$n>300$	—	$0.04n$	$0.08n$	$0.02n$	$0.04n$	$0.08n$	$0.16n$	$0.04n$	$0.08n$

注：d 为钢丝绳公称直径。

6. 架体及附着件处连接紧固和缆风绳的检查

（1）结构杆件的锈蚀与变形

1）杆件的锈蚀。

检查部件：架体杆件。

检查方法及要求：尺量检查。采用深度游标卡尺，测量最大锈蚀深度，不应大于原母材厚度的 10%。

2）杆件的变形。

检查部件：架体杆件。

检查方法及要求：外观检查，杆件不得有扭曲变形；变形量采用尺量检查，螺栓孔应无塑性变形。

（2）各连接点紧固状态

检查部件：杆件连接部位、附着架与楼层连接部位。

检查方法及要求：目测检查。检查杆件连接的螺母、螺栓头是否紧贴角钢和连接板面，不得漏装螺栓、螺母。

(3) 进出料口杆件状况对架体刚性的影响

检查部件：进出料口。

检查方法及要求：外观检查。架体的斜杆水平杆不得连续拆卸 2 节作为进出料口。若需拆除横杆，应在进出料口的下部增补加强横梁。

(4) 附着装置情况

检查部位：附着杆、杆与楼层的连接耳板，杆与架体的连接夹码。

检查方法及要求：①目测检查。附着杆件、耳板、夹码不得变形，紧固螺栓不应有松动。②尺量检查。附着杆与水平面之间的倾斜角不得超过 10°。

(5) 缆风绳与锚固点的情况

1) 缆风绳。

检查方法及要求：目测检查。低架若不能安装附墙架，应设置缆风绳，但只要一具备条件，就应该安装附墙架。31m 以上的高架必须安装附墙架，不能设置缆风绳。

缆风绳的具体要求：

① 物料提升机高度小于 20m 时，缆风绳不少于 1 组，每组 4～8 根；物料提升机提升高度在 21～30m 时，缆风绳不少于 2 组。

② 缆风绳应选用圆股钢丝绳，直径不得小于 9.3mm 。严禁使用铅丝、钢筋、麻绳等代替钢丝绳作缆风绳。

③ 缆风绳下端不得拴在树木、电杆或堆放构件等物体上，应与地锚连接，而且采用与钢丝绳拉力相适应的花篮螺栓拉紧。缆风绳垂度应不大于其长度的 0.01 倍。缆风绳与地面的夹角应为 45°～60°。

2) 地锚。

检查方法及要求：尺量检查。地锚必须牢固可靠。一般宜采用水平式地锚，当土质坚实时也可选用桩式地锚。缆风绳地锚应经设计计算确定。无设计规定时，水平式地锚或桩式地锚的制作应按表 4-3-2 的规定。

表 4-3-2　地锚制作要求

作用荷载 (N)	24000	21700	38600	29000	42000	31400	51800	33000
缆风绳水平夹角 (°)	45	60	45	60	45	60	45	60
横置木 (ϕ240mm) 根数×长度 (mm)	1×2500		3×2500		3×3200		3×3300	
埋设深度 (m)	1.70		1.70		1.80		2.20	
压板 (密排 ϕ100mm 圆木) 长 (mm)	—		—		800×3200		800×3200	

7. 制动器与传动装置的维护检查

(1) 制动系统

检查部件：制动器的弹簧、制动块。

检查方法及要求：①目测检查。当电磁铁闭合时，弹簧的线间隙以5mm为宜，确保其制动力矩。制动器通电后手摇制动架，目测检查制动块是否与制动轮充分分离。②停电后尺量检查。制动块磨损量不得超过原壁厚的1/3。

（2）主机部分

1）联轴器。

检查部件：异形连接螺栓螺母、弹性胶圈。

检查方法及要求：①目测检查。半联轴器的异形连接螺栓紧固螺母不得松动与漏装。②尺量检查。弹性胶圈磨损不应大于原尺寸的15%，电动机与减速器输入轴的同心度不大于0.5°。

2）减速器。

检查部件：箱体、齿轮。

检查方法及要求：目测检查。箱体不应有裂纹、漏油，箱座固定螺栓齐全、紧固。打开检查盖板，尺量检查齿轮齿面磨损不大于原齿厚的15%。抽出油尺，检查箱体内润滑油是否处于刻线内。

3）卷筒或曳引轮。

检查部件：卷筒或曳引轮。

① 卷筒。

a. 目测检查。钢丝绳在卷筒上应能按顺序整齐排列。卷筒不应有裂纹，轮缘不得破损。

b. 尺量检查。

（a）卷筒壁壁厚磨损量不得达原壁厚的10%。

（b）卷筒与首个转向滑轮的垂直角不大于4°。

（c）吊笼处于最高工作高度时，卷筒凸缘高度要保持超出缠绕钢丝绳外表面不少于2倍钢丝绳直径。

（d）吊笼处于地面时，卷筒上至少还存有3圈安全圈。

② 曳引轮。

a. 目测检查。轮体不应有裂纹。

b. 尺量检查。检查曳引轮轮槽的磨损。曳引轮轮槽的斜边应为直线，不应有严重不均匀磨损形变，且钢丝绳与槽底不能接触。一般再次安装应更换新的曳引轮槽。

4）传动部件与钢丝绳的磨损和润滑。

① 滑轮。

检查方法及要求：借助望远镜目测检查，滑轮轮缘不得破损，检查工作时滑轮是否正常转动，不得出现轴承损坏而产生的左右摆动。检查滑轮轴固定螺栓、螺母是否齐全。观察有疑问时应详细检查。滑轮不应有裂纹，尺量检查绳槽壁厚磨损量不得达原厚度的20%，滑轮槽底磨损量不得达相应钢丝绳直径的25%。

② 导轨。

检查方法及要求：目测检查。吊笼（对重）导轨润滑应良好，发现磨损较严重时，尺量检查其壁厚磨损量不得达原母材厚度的10%。

8.《产品使用说明书》中其他指定部位的维护保养检查

按《产品使用说明书》中其他指定部位的检查维护保养要求。

9. 卸料平台的检查

检查部件：卸料平台。

检查方法及要求：目测检查。卸料平台应由 ϕ48mm 钢管搭设，其连接构件的螺母应紧固可靠。平台不能有向外的倾斜，宜向内倾斜 1°～2°。卸料平台应自成受力系统，与建筑结构连接，禁止与脚手架及提升机架体连接。

10. 日检运行记录和上月月检表不合格项整改记录检查

检查部位：日检运行记录有不正常的部位、上月检验需整改的部位。

检查方法：对照日检运行记录有不正常的部位和上月检验需整改的部位，按上述相关检查方法进行复查。

主要参考文献

[1] 广东省建筑安全协会．塔式起重机司机［M］．北京：中国环境出版社，2015.

[2] 广东省建筑安全协会．建筑起重信号司索工［M］．北京：中国环境出版社，2015.

[3] 广东省建筑安全协会．施工升降机司机［M］．北京：中国环境出版社，2015.

[4] 广东省建筑安全协会．物料提升机司机［M］．北京：中国环境出版社，2013.

[5] 刘佩衡．塔式起重机使用手册［M］．北京：机械工业出版社，2002.